卫星测绘系列专著

对地观测卫星激光测高数据处理方法与工程实践

唐新明　李国元　著

科学出版社

北　京

内 容 简 介

本书分析卫星激光测高的现状及发展趋势,重点论述对地观测卫星激光测高数据处理技术,研究国产卫星激光测高仪在轨几何检校方法,提出广义激光高程控制点自动提取算法,开发对地观测卫星激光测高数据处理系统,开展激光测高数据在航天摄影测量、林业树高生物量测量、极地冰盖监测等方面的应用研究,并对下一代单光子激光测绘卫星进行展望。

本书是作者近年来在对地观测卫星激光测高数据处理与应用方面的研究成果总结,适合从事测绘、遥感、大地测量专业及其他相关专业的科学和工程技术人员参考使用,也可作为高等院校相关专业的教学和研究资料。

图书在版编目(CIP)数据

对地观测卫星激光测高数据处理方法与工程实践/唐新明,李国元著.—北京:科学出版社,2019.2

(卫星测绘系列专著)

ISBN 978-7-03-060473-6

Ⅰ.①对… Ⅱ.①唐… ②李… Ⅲ.①激光测地卫星-数据处理 Ⅳ.①V474.2

中国版本图书馆 CIP 数据核字(2019)第 017417 号

责任编辑:杨光华/责任校对:谌 莉
责任印制:彭 超/封面设计:黄华斌

科 学 出 版 社 出版

北京东黄城根北街 16 号
邮政编码:100717
http://www.sciencep.com

武汉精一佳印刷有限公司印刷
科学出版社发行 各地新华书店经销
*

开本:787×1092 1/16
2019 年 2 月第 一 版 印张:12 1/2
2019 年 2 月第一次印刷 字数:293 000

定价:158.00 元
(如有印装质量问题,我社负责调换)

序

　　1917 年爱因斯坦提出了一套全新的技术理论——光与物质相互作用。即在组成物质的原子中,有不同数量的粒子(电子)分布在不同的能级上,在高能级上的粒子受到某种光子的激发,会从高能级跳(跃迁)到低能级上,这时将会辐射出与激发它的光相同性质的光,而且在某种状态下,能出现一个弱光激发出一个强光的现象。这就叫做"受激辐射的光放大",简称激光。1958 年,美国科学家肖洛和汤斯发现了一种神奇的现象:当他们将氖光灯泡所发射的光照在一种稀土晶体上时,晶体的分子会发出鲜艳的、始终会聚在一起的强光。根据这一现象,他们提出了"激光原理",即物质在受到与其分子固有振荡频率相同的能量激发时,都会产生这种不发散的强光——激光。汤斯因此获得 1964 年的诺贝尔物理学奖。1960 年 5 月 15 日,美国加利福尼亚州休斯研究实验室的科学家梅曼宣布获得了波长为 $0.6943\ \mu m$ 的激光,这是人类有史以来获得的第一束激光,梅曼因而也成为世界上第一个将激光引入实用领域的科学家。1962 年,人类发明半导体二极管激光器,这是今天小型商用激光器的支柱。

　　半个多世纪以来,激光技术取得了飞速发展,目前激光已经广泛用于激光加工(包括切割、焊接、表面处理、打孔、热处理等)、激光医学(如激光生命科学研究、激光诊断、激光治疗)、激光成像、军事武器、动力推进、激光通信、激光测量、激光材料等广阔的应用领域。

　　在激光测量领域,1969 年激光被用于遥感勘测,通过射向美国阿波罗 11 号放在月球表面的反射器的激光,测得的地月距离误差在几米范围内。1971~1972 年间,美国登月计划中的阿波罗 15 号、16 号和 17 号均搭载激光测高仪,使用的氪灯泵浦的机械调 Q 红宝石激光器是最早的激光测高系统,星载激光雷达技术开始起步。2007 年 10 月我国首颗探月卫星嫦娥一号(CE-1)发射成功,中国成为世界上第五个发射月球探测器的国家和地区,实现对月球全球性与综合性的环绕探测。嫦娥一号激光测高仪是我国第一个星载激光测高仪,获取了月球大量的高程信息。

　　在对地观测方面,2003 年美国发射了 ICESat 卫星,卫星上搭载了地球科学激光测高系统 GLAS,首次实现对地球进行高精度的激光测高,在全球高程控制点测量、极地冰盖高程变化监测、森林碳储量估算等方面得到了较好的科学应用,受到广泛关注。2016 年 5 月 30 日,我国的资源三号 02 星成功发射,卫星搭载了国内首台对地观测的激光测高仪,开始了我国自主对地观测技术的新尝试。

　　《对地观测卫星激光测高数据处理方法与工程实践》一书就是作者在卫星激光测高技术方面多年来的凝练和总结。他们在卫星激光测高的原理、数据处理方法、激光几何检校以及激光与光学影像联合平差方面进行了有益的尝试。作者提出了卫星激光严密几何模型,分析了国产卫星激光测高存在的问题,并创造性地提出了两步法检校的思路,在激光测高仪存在较大的系统误差和卫星 24 小时预报的前提下,成功地在地面捕捉到 500 km 高空发射到地面的激光光斑,首次对我国激光测高载荷进行了几何检校,修正了系统存在的指向误差,大幅度提高了我国卫星激光测高的精度。我国首颗卫星激光测高仪的高程精度达到 0.8 m 以内。虽然这个激光测高仪是一个简易的载荷,但它对提高卫星的测图精度,特别是高程精度是非常重要的。通过这些年不懈地努力,他们不仅建立了激光测高数据处理系统,处理了大量激光测高数据,建立了激光高程点数据库,还全面提振了我国自主设备研制的信心,为后续业务化应用的载荷研制奠定了坚实的基础。

高分七号即将发射,之后陆地生态系统碳监测卫星也将升空,后续的激光测高卫星也在不断探索之中。希望他们继续努力,为我国自主的卫星激光测高系统的建设作出更大的贡献。

中国工程院院士

2018 年 11 月

前　　言

激光测高卫星是指采用激光手段主动获取全球地表及目标三维信息的遥感卫星,能为快速获取包括境外地区在内的高程甚至三维控制点以及立体测图提供服务,同时在极地冰盖测量、植被高度及生物量估测、云高测量、海面高度测量以及全球气候监测等方面都可以发挥重要作用。

激光测高卫星是对地观测卫星体系中的有机部分,更是我国测绘卫星系列的重要成员,在国务院制定的发展规划中均得到明确体现。其中,《国务院办公厅关于促进地理信息产业发展的意见》(国办发〔2014〕2 号)指出:用 5 至 10 年时间,使我国地理信息获取能力明显提升。发展测绘应用卫星、高中空航摄飞机、低空无人机、地面遥感等遥感系统、加快建设航空航天对地观测数据获取设施,形成光学、雷达、激光等遥感数据获取体系,显著提高遥感数据获取水平。加强遥感数据处理技术研发,进一步提高数据处理、分析能力。国务院已经批复的《国家地理信息产业发展规划(2014—2020 年)》指出:要加快产业发展基础设施建设,加快我国卫星遥感基础设施建设,尤其是光学立体测图卫星、干涉雷达卫星、激光测高卫星等的建设。在国家测绘地理信息局 2016 年发布的《卫星测绘"十三五"发展规划》中明确指出:建立基于激光测高数据的全球广义高程控制点库,支撑国家基础地理信息快速更新和全球三维地理信息的获取,同时要加快推进单光子激光测高卫星等新型测绘遥感卫星的指标论证与立项实施。

美国在 2003 年成功发射冰星 ICESat(ice,cloud and land elevation satellite),卫星上搭载了 GLAS(geo-sciences laser altimeter system)地球科学激光测高系统,是世界上首颗对地观测的激光测高卫星,ICESat 卫星已于 2009 年停止工作,但在极地冰盖高程变化监测、全球高程控制点获取、全球森林生物量估算等多个领域取得了重要的突破,在国际上影响显著。美国计划在 2018 年发射搭载了更先进的单光子探测的激光测高载荷ATLAS(advanced topographic laser altimeter system)的 ICESat-2 卫星以及国际空间站上用于全球生态系统动力学调查的 GEDI(global ecosystems dynamics investigation)激光测高载荷,高精度激光地形测量卫星 LIST(lidar surface topography)也正在预研之中。

我国在 2007 年发射的"嫦娥一号"探月卫星上搭载了激光测高仪,实现了对月球的激光探测,完成了三维月球表面模型的制作。但对地观测领域,国产卫星激光测高一直处于空白状态,与对月探测相比,激光受大气环境、复杂地形地物影响更大,数据处理难度更大、精度要求更高。国内对对地激光测高的研究以 GLAS 产品数据开展应用研究为主,由于原始数据源的缺失,对于高精度的对地观测卫星激光测高数据几何处理理论与方法基本很少涉及。鉴于卫星激光测高的高精度数据获取和应用能力,迫切需要系统性地开展数据处理理论研究,形成相应的技术体系,支撑后续国产对地观测的激光测高卫星发展。

2016 年 5 月 30 日我国成功发射了资源三号 02 星。卫星上搭载了我国首台对地观测的卫星激光测高试验性载荷,笔者和原国家测绘地理信息局卫星测绘应用中心的同事一起联合武汉大学、黑龙江测绘地理信息局、陕西测绘地理信息局、内蒙古自治区测绘地理信息局、中国科学院安徽光学精密机械研究所(简称中科院安光所)、中国空间技术研究院(中国航天科技集团公司五院)、北京市遥感信息研究所以及苏尼特右旗人民武装部等多家单位,开展了资源三号 02 星激光测高仪在轨几何检校与数据处理工作,成功实现了地面对卫星发射的微弱激光脉冲信号的有效捕捉以及激光数据的业务化处理,取得了国内在该领域的技术突破,首次实现了我国对地观测激光测高仪的高程数据处理,为未来国产高分七号卫星、陆地生态系统碳监测卫星的激光测高数据处理奠定了坚实基础。

本书以对地观测卫星激光测高数据处理与应用为主线,依托笔者指导的该领域涉及国产激光测高卫星数据的国内首篇博士学位论文《对地观测卫星激光测高数据处理方法与工程实践》,结合笔者多年来在该领域的研究成果,参考美国的 ICESat 上搭载的 GLAS 激光测高数据处理经验,同时结合国产资源三号 02 星以及后续高分七号、陆地生态系统碳监测卫星激光测高仪的实际情况,系统性地总结对地观测卫星激光测高数据处理的理论与方法,提出"两步法"在轨几何检校方案、多准则约束的广义激光高程控制点提取方法,实现了国产卫星激光数据与可见光立体影像数据的联合处理和应用,解决了资源三号卫星在无地面控制点时难以全面满足 1 : 50 000 立体测图高程精度的问题,同时为"全球地理信息资源建设"等国家重大工程项目提供重要技术支撑。

需要指出的是,由于国产对地观测的资源三号 02 星激光测高仪是一个简易的激光测高装置,不具备波形采样和记录功能,也无足印影像拍摄功能,而国产高分七号卫星、陆地生态系统碳监测卫星还未发射,在针对国产卫星激光测高仪的全波形数据处理方面还存在一定欠缺,还有待结合国产卫星的工程进展作进一步更深入的研究。

全书共 10 章,由唐新明、李国元负责编写,唐新明负责全书统稿和校对。本书编写过程中得到了谢俊峰、高小明、陈继溢、付兴科、朱广彬、唐洪钊、窦显辉、张悦等人员的支持,采用的激光地面探测器分别由武汉大学李松团队和中科院安光所郑小兵团队研制,谢俊峰博士在激光地面探测器的研制和地面几何检校方面开展了大量卓有成效的工作,项目组的崔成玲、黄朝围、张重阳、袁小棋、许艺藤、权学烽等研究生也参与了部分工作。航天五院总体部的张新伟高级工程师、上海技术物理研究所的黄庚华研究员、东北林业大学的邢艳秋教授以及武汉大学的金涛勇老师、马跃博士等为本书提供了部分图片或试验数据。

本书得到了国家自然科学基金项目(41601505,41871382)、国家国防科技工业局高分辨率对地观测系统重大专项"高分遥感测绘应用示范系统"(AH1601)、国家基础测绘科技项目(2018KJ0204)、高分辨率对地观测系统重大专项应用共性关键技术项目(11-Y20A11-9001-17/18、11-Y20A13-9001-17/18)、国家重点研发计划战略性国际科技创新合作重点专项项目(2016YFE0205300)、国家高分辨率对地观测青年创新基金(GFZX04061502)、中国科学院主动光学重点实验室开放基金(2018-ZDKF-1)以及江苏省地理信息资源开发与利用协同创新中心的资助,在此一并表示感谢。

　　由于近几年国内外卫星激光测高技术发展较快,受时间和认识限制,书中难免存在不足之处,恳请广大读者批评指正。

唐新明

2018 年 11 月

目　　录

第 1 章　绪　　论

卫星激光测高技术起源于 20 世纪 70 年代,被誉为 21 世纪对地观测领域的三大核心技术之一。本章对卫星激光测高的发展进行综述,重点对卫星激光测高系统的发展现状与趋势进行系统性梳理,并对卫星激光测高、卫星雷达测高以及卫星激光测距三种不同的技术进行对比分析,凸显卫星激光测高技术的特点。通过分析卫星激光测高对地观测与地外星球观测的区别,说明后续开展严密几何模型构建、大气改正、潮汐改正、在轨几何定标、高程控制点提取等关键技术研究的必要性。

1.1　卫星激光测高发展概况

激光雷达技术与成像光谱、合成孔径雷达一起被列为对地观测系统(Earth observing system,EOS)计划中三大核心的信息获取与处理技术(唐新明 等,2017a;刘经南 等,2003)。按平台划分,可分为卫星激光雷达、机载激光雷达、车载激光雷达、地面激光雷达等。卫星激光雷达总体上包括:用于测 CO_2 等大气微量和痕量气体含量的差分吸收激光雷达、测风场的多普勒激光雷达、测云层与气溶胶的后向散射激光雷达以及测高激光雷达,美欧已经发射了相应的星载激光载荷,如正交偏振云-气溶胶激光雷达(cloud-aerosol lidar with orthogonal polarization,CALIOP)、空间激光雷达试验项目(lidar in-space technology experiment,LITE)中的星载差分吸收激光雷达(differential absorption lidar,DIAL)、后向散射光雷达(atmosphere LIDAR,ATLID)和多普勒测风激光雷达 ALADIN 等(朱孟真 等,2012;李然 等,2007)。

严格来说,卫星激光测高属于卫星激光雷达的一个子类。卫星激光测高具备主动获取目标三维信息的能力,能快速获取全球高精度控制点数据以及三维地形,同时在对地观测领域的极地冰盖测量、植被高度及生物量估测、云高测量、海面高度测量以及全球气候监测等方面都可以发挥重要作用。本书重点研究卫星激光测高技术,也简称 SLA (satellite laser altimetry),其中的字母 A 也可代表测高仪(altimeter)。

欧美发达国家特别是美国,经过几十年的发展,在卫星激光测高方面已经积累了丰富的经验和应用成果。在 20 世纪,1971 年美国的阿波罗 15 号所载的激光测高仪是目前具有资料可考的最早的星载激光测高仪(Sjogren et al.,1973);1994 年,美国在 Clementine 探月计划中通过搭载的激光测高仪获取了月球表面的高精度地形数据(Smith et al.,1997);1996 年和 1997 年美国国家航空航天局(National Aeronautics and Space Administration,NASA)先后两次在航天飞机上搭载了激光测高仪,即 SLA-01(Shuttle Laser Altimeter-01)和 SLA-02(Shuttle Laser Altimeter-02),建立了基于 SLA 的全球控制点数据库,获取了高精度全球控制点信息(Garvin et al.,1998);1996 年 11 月 MOLA

(Mars orbiter laser altimeter)搭载在美国国家航空航天局戈达德空间飞行中心(Goddard Space Flight Centre,GSFC)研制的火星全球勘探者号(Mars global surveyor,MGS)宇宙飞船上,历时两年到达火星,获得了大量火星表面的特征数据(Smith et al.,2001);1996年激光测高仪 NLR(NEAR laser range finder)搭载在近地小行星交会探测器尼尔(near Earth astemid rendezvous,NEAR)上对 Eros 小行星进行地形观测(Cole,1998)。

21 世纪初,美国于 2003 年将 GLAS 激光测高仪搭载在 ICESat 对地观测卫星上,用于观测极地冰川和海冰的高程及厚度变化,该卫星是美国 EOS 计划中的一个重要部分,也是资源三号 02 星之前唯一一颗对地观测的激光测高卫星,已于 2009 年停止工作(Wang et al.,2011;Schutz et al.,2005)。2006 年发射的水星激光测高仪(Mercury laser altimeter,MLA)是水星表面形貌、空间环境、星体化学及测距计划(Mercury surface,space environment,geochemistry,and ranging,MESSENGER)的有效载荷(Cavanaugh et al.,2007),于 2011 年 7 月到达水星轨道并开始获取数据;2006 年日本发射的月亮女神 SELENE(selenological and engineering explorer)探月卫星也搭载了激光测高仪(laser altimeter,LALT),日本利用所获测高数据建立了包括两极地区的精准月球全球地形图,同时分析月球重力和地形数据(Kase et al.,2003);2007 年中国在"嫦娥一号"月球探测卫星上搭载激光测高仪,成功实现对月球的高程测量(平劲松 等,2008;欧阳自远,2004);2008 年 10 月印度发射的"月船一号"(Chandrayaan-1)上搭载了激光测距仪(lunar laser ranging instrument,LLRI),用于提供探测器距离月球表面的精确高度,测量月球全球地形(Vighnesam et al.,2010);2009 年 7 月第一个空间多光束激光测高仪(lunar orbiter laser altimeter,LOLA)搭载在月球轨道飞行器(lunar reconnaissance orbiter,LRO)上升空,用于帮助人类探索月球时选择合适的着陆点(Smith et al.,2010)。

最近几年,欧美国家在地外星系探测中大量使用激光测高仪。其中,美国在 2016 年 9 月 8 日发射的用于探测小行星 Bennu 的源光谱释义资源安全风化层辨认探测器(origins spectral interpretation resource identification security-regolith explorer,OSIRIS-Rex)上搭载了激光测高仪(OSIRIS-REx laser altimeter,OLA),用于获取贝努小行星的地表模型和采样区的高精度地形[1];欧洲空间局(European Space Agency,ESA)的水星探测器(Mercury planetary orbiter,MPO)也将搭载 BELA(bepiColombo laser altimeter)激光测高仪(Thomas et al.,2007),原计划于 2016 年发射后被推迟到 2018 年发射升空,用于研究水星星体地貌;欧洲空间局还计划在 2022 年发射用于探测木卫三 Ganymede 的 JUICE(Jupiter Icy Moons Explorer)探测器上搭载激光测高仪 GALA(the Ganymede laser altimeter),用于木卫三的地形信息获取,目前该计划正在紧锣密鼓进行中(Hussmann et al.,2014)。

除计划在地外星球探测中大量使用激光测高仪外,美国在未来 5 年也部署了至少三个搭载激光测高仪的对地观测计划,将于 2018 年在国际空间站(International Space

---

① 引自:LAURETTA D S,2015.OSIRIS-REx Asteroid Sample-Return Mission.The University of Arizona.NASA Goddard Space Flight Center.Lockheed Martin.

Station,ISS)上搭载 GEDI 激光测高载荷用于全球植被生物量测量,研究碳循环和全球气候变化等,GEDI 激光器工作重频为 242 Hz,波长 1 064 nm,发射激光将通过光学衍射单元被分成 14 束,每个激光足印大小为 25 m,垂轨方向足印相隔 500 m,扫描宽度总和为 6.5 km(Guo et al.,2015)。美国的 ATLAS 是计划于 2018 年发射的 ICESat-2 卫星上搭载的新一代激光测高仪,目的是用于继续执行 ICESat 未完成的观测任务,主要用于长期研究海冰变化及森林冠层覆盖的科学研究,ATLAS 激光工作频率为 10 kHz,沿轨间隔约 0.7 m,将采用先进的光子计数技术(Abdalati et al.,2010);除 ICESat-2 之外,美国国家研究委员会(National Research Council,NRC)还提出了未来的高精度地形测量计划 LIST,主要用于获取全球 5 m 格网大小和 10 cm 高程精度的地形信息,以及森林植被、湖泊水系、极地冰盖等的高程变化量等,目前仍在论证中,预计在 2020 年之后发射(崔成玲 等,2015;Yu et al.,2011)。表 1.1 列出了当前已有或计划发射的卫星激光测高系统的平台及发射时间等有关信息,表 1.2 中详细列出了目前能查阅到的相关具体参数。

表 1.1 已有或计划发射的卫星激光测高系统基本信息表

时间	国家或组织	平台/载荷名称	探测目标	用途	备注
1971～1972 年	美国	阿波罗 15 号、16 号、17 号	月球	月球形状测量、辅助影像测图	
1994 年	美国	Clementine/LIDAR	月球	月球表面地形信息获取	
1996 年	美国	航天飞机/SLA-01	地球	全球高程控制点获取	
1997 年	美国	航天飞机/SLA-02	地球	全球高程控制点获取	
1996 年	美国	MGS/MOLA	火星	火星地形测量	
1996 年	美国	NEAR/NLR	小行星	Eros 小行星地形测量	
2003 年	美国	ICESat-1/GLAS	地球	极地冰盖、全球植被测量等	
2006 年	美国	Messenger/MLA	水星	水星表面地形测量	
2007 年	日本	SELENE/LALT	月球	月球全球地形图测量	
2007 年	中国	CE-1/LAM	月球	月球地形测量	
2008 年	印度	Chandrayaan-1/LLRI	月球	月球地形测量	
2009 年	美国	LRO/LOLA	月球	月球地形测量、着陆点选择	
2016 年	中国	ZY3-02/SLA	地球	高程控制点测量	
2016 年	美国	OSIRIS-Rex/OLA	小行星	地形测量、着陆点选择	
2019 年	中国	GF-7/SLA	地球	全球高程控制点测量	待发射
2020 年	中国	林业碳卫星/SLA	地球	全球植被、高程控制点测量等	待发射
2018 年	美国	ISS/GEDI	地球	全球植被测量	待发射
2018 年	美国	ICESat-2/ATLAS	地球	极地冰盖、全球植被测量等	待发射
2018 年	欧洲空间局	MPO/BELA	水星	水星表面地形测量	待发射
2022 年	欧洲空间局	Ganymede/GALA	木卫三	木卫三表面地形测量	待发射
2022 年后	美国	LIST/LIDAR	地球	高精度地形快速测量	计划中

表 1.2 国内外激光测高卫星主要技术指标

卫星名称	发射时间	国家或组织	探测方式（线性/单光子）	激光波束数	发射脉冲宽度/ns	足印间隔/m	重访天数	足印大小/m	高程测量精度/m
Clementine	1994 年	美国	线性	1 波束	10	100	/	250	40
SLA-01/02	1996/97 年	美国	线性	1 波束	10	750	/	100	1.5
MGS/MOLA	1996 年	美国	线性	1 波束	5	330	/	160	10
NEAR/NLR	1996 年	美国	线性	1 波束	12	/	/	15	＜6
ICESat-1/GLAS	2003 年	美国	线性	1 波束	6	170	8/183	70	0.15
Messenger/MLA	2006 年	美国	线性	1 波束	6	/	176	/	＜1
SELENE/LALT	2007 年	日本	线性	1 波束	17	500	/	40	5
CE-1/LAM	2007 年	中国	线性	1 波束	5-7	1 400	/	200	5
LRO/LOLA	2009 年	美国	线性	5 波束	5	25	37	5	0.1
CE-2	2010 年	中国	线性	1 波束	10	/	/	40	5
资源三号 02 星	2016 年	中国	线性	1 波束	7	3 500	59	75	1.0
BepiColombo MPO/BELA	2018 年	欧洲空间局	线性	1 波束	10	250	/	24	1.9
高分七号	2019 年	中国	线性	2 波束	7	2 330	59	30	1.0
陆地生态系统碳监测卫星	2020 年	中国	线性	5 波束	7	200	59	25～30	1.0
ICESat-2/ATLAS	2018 年	美国	单光子	6 波束	1	0.7	91	17.5	0.1
GEDI	2018 年	美国	线性	14 波束	10	500	/	25	1.0
LIST	2022 年后	美国	单光子	1 000 波束	0.96	0.7	/	5	0.1

激光测高仪与光学相机组合的方式，在对月球、火星等地外空间进行探测的任务中得到广泛的应用，如我国的嫦娥一号/二号同时搭载了激光测高仪（laser altimeter，LAM）和三线阵 CCD 立体相机；美国的月球侦察轨道器 LRO 上同时搭载了 5 波束的激光测高仪 LOLA 及 LROC（lunar reconnaissance orbiter camera）（Smith et al.，2010）；美国的火星全球勘探者（MGS）上同时搭载了火星轨道激光测高仪（MOLA）和轨道勘测相机（Mars orbiter camera，MOC）（Smith et al.，2001）。在卫星对地观测方面，美国 2003 年发射的 ICESat-1 卫星曾经是唯一一颗用于对地观测的激光测高卫星，但该卫星并未搭载用于对地观测的光学相机。在卫星对地观测领域，资源三号 02 星是第一颗同时搭载了光学相机与激光测高仪的卫星。

此外，对地观测与月球/火星等空间探测环境有很大不同。其一是地球的外部观测环境与地外空间探测环境不一样，对地观测卫星载荷的探测环境更复杂，激光测高仪更容易受地球周围大气层、地球表面各类复杂地形地物的影响，而这在对地外空间探测时一般是可忽略的，而且对地观测处理精度要求远高于地外空间探测，因此，在激光数据处理方面对地观测卫星远比地外星球更复杂、要求更高。其二是国产激光测高仪的硬件水平还有限,特别是重复频率不够高,目前设计主要用于影像的稀少高程控制点获取。如国产高分七号卫星轨道高度为 500 km,搭载的激光测高仪重复频率仅为 3 Hz,相当于激光足印点地面间隔为 2.5 km,在联合处理时观测值相对较少,这与地外空间探测时低轨道重复观测而形成的较为密集的激光足印点有显著区别。此外高精度在轨几何检校及激光与影像联合平差处理方法也需要结合实际情况开展研究。表 1.3 直观对比显示了对地观测与地外星球卫星激光测高的区别。

表 1.3　对地观测与其他星球卫星激光测高的对比分析

参数	对地球观测	对其他星球观测
大气	影响大且必须改正	基本可忽略
轨道高度	较高,点稀疏	较低,点相对较密
地物	影响大且必须考虑	基本不考虑
精度要求	高,亚米级甚至更高	一般,米级甚至更低
用途	高程控制、冰盖/植被测量	地形测量

目前对地观测的卫星激光测高数据一般具有地面足印光斑较大、密度较稀、高程精度较高的特点,主要用于全球高精度的高程控制点获取,以及全球森林树高反演及生物量估算、极地冰盖厚度变化监测等地学应用。因此,针对搭载在对地观测卫星上的激光测高仪,特别是国产卫星激光测高数据在航天摄影测量中的应用需求,开展激光测高数据几何处理、高精度在轨几何检校及激光与影像联合平差等若干关键技术的攻关研究非常必要,能有效填补国内相关的研究空白,也具有很好的实际应用价值。

1.2　国内外卫星激光测高发展现状

1.2.1　已发射的星载激光测高仪

1. 美国 Clementine 月球激光测高仪

1994 年 1 月 25 日,由美国国防部和美国国家航空航天局联合研制的月球探测 Clementine 系统在范登堡空军基地第四(西)发射场以 TitanII 发射升空,主要目标是检测暴露在空间环境下的传感器和航天器部件的性能以及对月球和近地小行星 1620 进行科学观测。这些观测数据用于月球和小行星表面矿物质估计、获取 60°N~60°S 范围内的月球测高数据以及确定小行星大小、形状、旋转特征、表面特性和撞击坑等。

Clementine 月球激光测高系统的主要技术参数包括:测距范围 500~640 km(极限),垂直分辨率 40 m,水平分辨率 100 m,系统重量 2.37 kg,功耗 6.8 W,激光器为全固态 Nd:YAG 激光器,工作波长 1 064 nm/532 nm,单脉冲能量 171 mJ(1 064 nm)/9 mJ(532 nm),脉宽<10 ns,光束发散角<0.5 mrad(1 064 nm)/4 mrad(532 nm),长时间连续工作时的重复频率为 1 Hz,连续工作 400 次重复频率为 8 Hz,光学发射系统为 5 倍伽利略望远镜,通光口径为 38 mm,光学接收系统与高分辨率 CCD 相机共用,数据下传速率 64 kb/s,光电

探测器件为 SiAPDC30954E、感光面面积为 0.5 mm^2,对应的接收视场角为 1 mrad。图 1.1 为测量的月球表面地形图。

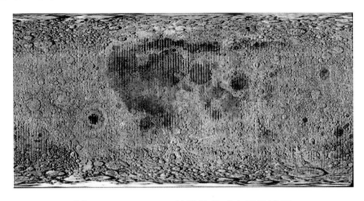

图 1.1　Clementine 量测的月球表面地形图

2. 美国火星全球勘探者激光测高仪(MOLA)

美国国家航空航天局戈达德空间飞行中心组织研发的火星全球勘探者(MGS)宇宙飞船于 1996 年 11 月 7 日发射升天。火星全球勘探者历时两年到达火星,并顺利进入 400 km 圆轨道,对火星地形进行测量。火星全球勘测者探测器共传回了数万张火星表面的图片,于 2001 年 2 月结束了其主要工作,并在 2006 年 11 月 2 日由于失联而结束任务。火星全球勘探者是美国火星生命计划的一部分,它的直接目的是为 1999 年 12 月 3 日在火星南极附近着陆的"火星极地登陆者"选择登陆地点;主要任务是拍摄火星表面的高分辨率图像,研究火星的地貌和重力场,探测火星的天气和气候,分析火星表面和大气组成。

MOLA 是搭载在火星全球勘探者(MGS)宇宙飞船上的关键载荷,主要探测目的是确定火星球体地貌,为星体地质科学和物理学研究提供更多的资料;另外一个目的是研究火星表面反射率特征、分析球体表面矿物学分布以及反射率的季节变化,为大气循环方面研究提供必要支持,并为将来火星探测者的着陆地点选择提供测地学和地形学上的评估。

MOLA-2 系统的主要技术参数:轨道高度为 600 km,重量 25.85 kg,功耗 34.2 W,激光器 Nd:YAG@1 064 nm,脉冲宽度 5 ns,单脉冲能量 48 mJ,频率 10 Hz,光束发散角 0.4 mrad,接收部分是直径为 500 mm 的卡塞格林望远镜,视场角(field of view,FOV) 0.85 mrad,光电转换器件为硅雪崩光电二极管,电路部分微处理器为 80C86,时钟计数频率为 100 MHz,滤波通道宽度 20 ns、60 ns、180 ns、540 ns,距离测量分辨率 37.5 cm,数据率 618 b/s(连续),精度指标:垂直分辨率 37.5 cm,绝对精度<10 m(取决于飞船轨道的重建精度),沿轨光斑间距 330 m,轨道间距取决于纬度。图 1.2 为测量的火星全球地形图。

3. 美国航天飞机激光测高仪(SLA)

由美国国家航空航天局戈达德空间飞行中心设计的航天飞机激光测高仪 SLA 是一种安置在航天飞机上的激光测高仪,其目的是从地球低轨道上对地形进行测量,对星载激

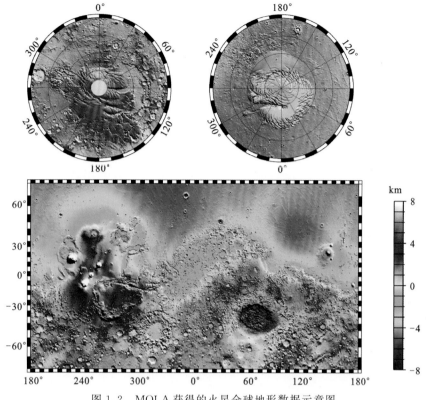

图 1.2 MOLA 获得的火星全球地形数据示意图

光测高仪作科学试验,获取全球控制点和植被高度信息。1996 年 1 月、1997 年 8 月美国
国家航空航天局利用火星激光测高仪 MOLA 研制过程中的备份器件,进行了两次航天飞
机 SLA 试验,即 SLA-01、SLA-02,获取了基于 SLA 的全球高精度控制点信息,如图 1.3
所示。

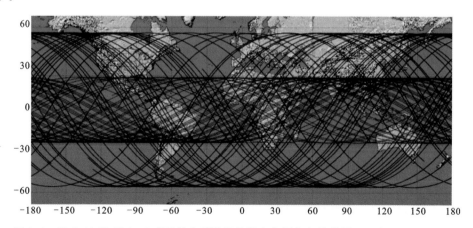

图 1.3 SLA-01 和 SLA-02 获得的全球激光足印点空间分布示意图(Carabajal et al,2012)

SLA 探测的激光波长为 1 064 nm 的短脉冲(10 nm),光斑大小为 100 m,光斑间隔为
750 m,每秒发射 10 个脉冲,接收机数字采样频率 100 MHz,测高精度达到 1.5 m,这种测

量结果是以 10 Hz 取剖面的模式和以 100 m 直径的传感器足迹取得的,基本上覆盖了全球南北纬 60°之内的区域,总体高程测量中误差为 2.8 m。

4. 美国近地小行星探测器激光测高仪(NRL)

尼尔(NEAR)是工作在空间平台上的近地小行星交会探测器,它是美国宇航局低成本行星科学探测计划发射的第一个探测器,总重量为 805 kg。尼尔于 1996 年升空,2000年 2 月 14 日成功进入小行星厄洛斯(Eros)的运行轨道,开始了为期一年的近距离小行星观测计划。尼尔上搭载的观测空间小行星的激光测高仪(NRL)系统是世界上第一个进入小行星轨道的激光测高仪,在绕小行星轨道工作的 1 年时间中持续工作。图 1.4 为NRL 测得的尼尔小行星地形图。

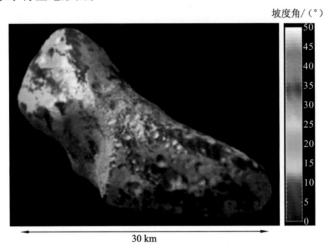

图 1.4 NRL 获得的尼尔小行星地形示意图

NLR 系统的主要技术参数为:测距范围 50 km,轨道高度为 50～150 km,重量 5 kg,功耗＜22 W,激光器为 Nd:YAG@1 064 nm,脉冲宽度为 10～20 ns,单脉冲能量＞5 mJ,光束发散角 0.3 mrad,脉冲宽度为 12 ns,重复频率 1/8 Hz、1 Hz(正常情况下)、2 Hz、8Hz;接收部分直径为 90 mm 卡塞格林望远镜,视场角＞0.9 mrad,光电转换器件为硅雪崩光电二极管,时钟计数频率 480 MHz,距离测量分辨率为32 cm,数据率 51 b/s,6.4 b/s,精度指标:垂直分辨率 37.5 cm,绝对精度＜6 m。

5. 美国地球科学激光测高系统(GLAS)

美国国家航空航天局于 2003 年 1 月 13 日发射了世界上首颗对地观测系统(EOS)中的激光测高仪试验卫星——第一代冰、云和陆地高程卫星 ICESat,该卫星搭载在一架波音德尔塔 2 型运载火箭上,在美国加利福尼亚州范登堡空军基地顺利升空,其主要任务是监测南极洲和格陵兰冰盖的高程变化,从而估算冰盖表面物质平衡和气候的季节及年际变化率。

GLAS 激光测高系统包括一个激光测距单元、GPS 接收机、恒星追踪姿态调整器单元。测距单元的激光器发射 6 ns 的短脉冲,波长为 1 064 nm 的红外激光和 532 nm 的绿色激光同时出射,经地表、大气和云层反射回来的光子被直径为 1 m 的望远镜接收;激光脉冲以每秒 40 次的速度在地球表面照出一个个直径约为 66 m 的光斑,光斑的间隔为 175 m;脉冲能量在 1 064 nm 通道为 75 mJ、532 nm 通道为 32 mJ,光束发散角为 110 μrad, 探测器为硅雪崩光电二极管,卫星采用高精度三轴稳定姿态控制方式,以确保激光定向精确。本书第 5 章将对其相关测量系统进行详细的介绍。

6. 中国"嫦娥一号"探月激光测高仪(LAM)

嫦娥一号(Chang'E-1,CE-1)是中国发射的第一颗环绕月球的探测器,于 2007 年 10 月 24 日发射成功,CE-1 卫星上搭载了激光测高仪用于月球表面的三维地形测绘,由中国科学院上海技术物理研究所研制,其主要参数包括:重量约 15.5 kg,功耗为 35 W,激光波长为 1 064 nm,发射脉宽为 5～7 ns,重复频率为 1 Hz,距离测量范围为 200±25 km,测量误差为 5 m,月面的激光足印大小约 200 m(平劲松 等,2008)。

CE-1 共获得了 1 000 多轨探测数据,总计约 912 万个原始测距值,在空间上基本覆盖了全月面,图 1.5 显示了利用 LAM 激光测高数据制作的格网为 3 km 的全月球 DEM,其高程测量精度和平面位置精度分别为 60 m(1σ)和 445 m(1σ)(李春来 等,2010)。此外, CE-1 卫星的轨道倾角为 88.2°,因此,在接近极区的高纬度地区也能获得大量的激光测高数据,如图 1.6 所示。

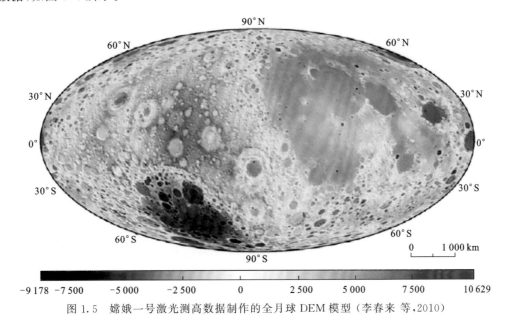

图 1.5 嫦娥一号激光测高数据制作的全月球 DEM 模型(李春来 等,2010)

7. 美国水星激光测高仪(MLA)

水星表面形貌、空间环境、星体化学及测距计划首要科学目的是测量水星表面形貌、空间环境、星体化学等数据信息,要求激光器载荷 MLA 具有在距离大幅变化以及不断变化着的热环境条件下履行水星表面测距的能力。

MLA 于 2011 年 3 月到达水星轨道并开始获取数据,轨道的近地点 200 km,远地点约 15 000 km,周期 12 h,最佳的测距时间是在卫星接近水星的 0.5 h 内,激光器系统具有

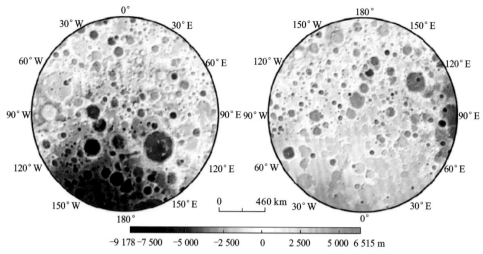

图 1.6 月球两极地区的嫦娥一号激光测高数据 DEM 模型（李春来 等,2010）

在水星表面小于 40 cm 的距离分辨能力。MLA 激光器输出能量大于 18 mJ、光束质量近衍射极限、脉宽 6 ns、重复频率 8 Hz。在天顶入射、轨道高度小于 800 km 时,高程精度优于 1 m,其获得的水星局部三维地形如图 1.7 所示。

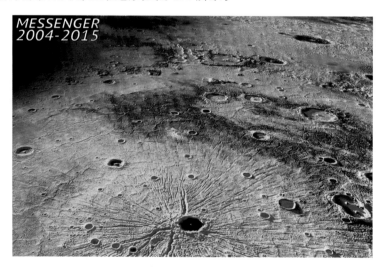

图 1.7 MLA 激光测高数据生成的水星局部三维地形示意图

https://www.nasa.gov/mission_pages/messenger/multimedia/messenger_gallery.html.

8. 日本月球激光测高仪(LALT)

日本第一颗绕月探测卫星"月亮女神号"卫星 SELENE 由日本航天局(Japan Aerospace Exploration Agency,JAXA)于东京时间 2007 年 9 月 14 日 10 时 31 分搭载 H2A 火箭,在日本南部鹿儿岛县种子岛宇宙中心顺利发射升空,比我国探月卫星嫦娥一号提前了 40 天。LALT 激光测高系统是 SELENE 卫星搭载的主要载荷之一,其基本参数包括:激光发射波长为 1 064 nm,脉宽为 17 ns,能量为 100 mJ,足印大小为 40 m,测距精度优于 5 m。日本利用 LALT 获得的激光测高数据,建立一个包括两极地区的精准月球全球地形图,通过分析月球重力和地形数据研究月球内部结构,图 1.8 为 SELENE 卫星激光测高数据制作的月球地形局部放大图。

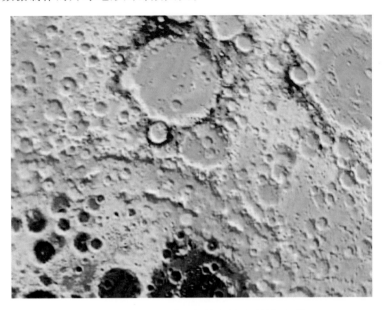

图 1.8　SELENE 月面地形局部放大图(河野宣之 等,2010)

9. 美国月球激光测高仪(LOLA)

月球勘测轨道飞行器于 2009 年 6 月 19 日凌晨(美国东部时间 18 日下午)由联合发射联盟"宇宙神"V401 运载火箭在美国佛罗里达州卡纳维拉尔角空军基地 41 号发射场发射升空。LRO 是美国国家航空航天局"新太空探索计划"的首个任务,该方案在 2004 年提出,旨在重返月球,并登陆火星以及向更远的太空进军。月球轨道探测器的任务包括在月面寻找安全的着陆点、寻找潜在的资源、研究月面的辐射环境并论证一些新的技术。

LOLA 是第一个空间多光束激光测高系统,使用单一激光脉冲采用衍射光学元件 DOE(diffractive optical element)分成 5 个光束,实现对月表的多波束探测。该仪器设计通过精确测量从飞船到月球表面的距离范围结合月球勘测轨道飞行器 LRO 的精密定轨,月球表面到质心的距离范围来获得月球的形状;用于测量潜在着陆点的斜率和月球表面粗糙度;测量和分析月球地形以确定永久光亮区和永久阴影区。总体目标是发现和确定着陆场、发现潜在的资源、描绘辐射环境特征以及验证新技术,其硬件形状如图 1.9 所示。LOLA 分光产生的 5 个激光束的每个子光束的远场发散角 100 ± 10 μrad,光束中心夹角 500 ± 20 μrad,工作频率为 28 ± 0.1 Hz,时间分辨率为 0.5 ns,1 年内能在月球上完成 40 亿次发射,精度为 10 cm,从 50 km 的轨道上发射的激光在月球表面产生直径 5 m 的足印,光束中心距离 25 m。

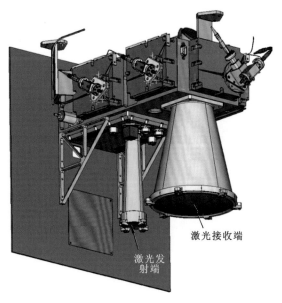

图 1.9　多波束月球激光测高仪硬件示意图

11. 俄罗斯"雪豹"激光测高仪

2015 年 2 月,成功发射的"雪豹"-M1 光学测绘卫星是俄罗斯首颗传输型测绘卫星 (图 1.10),该卫星被正式命名为 Kosmos-2503,卫星设计寿命 5 年,质量 4 t,运行于高度 551 km、倾角 97.63°的太阳同步轨道。卫星由俄罗斯国家火箭与航天科研生产中心研制,采用"琥珀"卫星平台,带有 2 个名为"卡拉特"望远镜和激光测高系统,它由两个激光发射器、激光测距仪镜面反射器和姿态控制传感器组成。"雪豹"-M 系列卫星可为俄罗斯国防部提供全球立体图像和数字高程数据,进而绘制小区域高精度地图,将大幅提升俄罗斯天基侦察与监视能力。

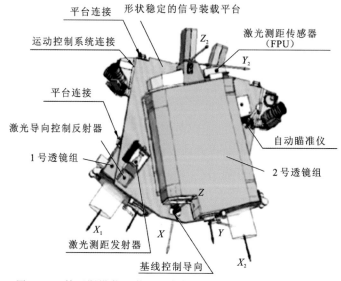

图 1.10　俄罗斯搭载了激光测高仪的"雪豹"-M1 光学测绘卫星

1.2.2　国外计划发射的星载激光测高仪

鉴于卫星激光测高在快速获取地形信息方面的优势,近几年来,西方国家加大了发展的力度,其中欧洲空间局计划在水星和木卫三等探测器上搭载激光测高仪,美国更是规划了 GEDI、ICESat-2 及 LIST 等多个型号。

1. 欧洲空间局水星激光测高仪(BELA)

欧空局投资 9.7 亿欧元的水星探测器"BepiColombo"号水星探测器原计划于 2016年发射,后推迟到 2018 年,该探测器发射后需历经 7 年半才能到达水星,成为第二个到达水星的探测器,主要用于研究和了解太阳系内最少被探索的水星的成分、物理、大气、磁层以及历史。

激光测高仪 BELA(BepiColombo laser altimeter)将搭载在该水星探测器上,图 1.11 为 CAD 设计构形图,预期轨道高度为 400～1 500 km,探测波长 Nd：YAG@1 064 nm,脉宽为 3 ns,重频 10 Hz,脉冲能量为 52 mJ,光束发散角 0.024 mrad,测高精度约 1.9 m,激光器参数指标与美国国家航空航天局的 MLA 系统基本相同,科学目标为建立精确的水星参考表面,测量水星表面粗糙度、斜率和反射率,监测水星表面的潮汐形变,以及定位水平表面突起地形位置和形态,它还可提供能与其他仪器数据相比较的数字地形模型,提供水星内部结构、地理、构造和表面年龄等数据信息。

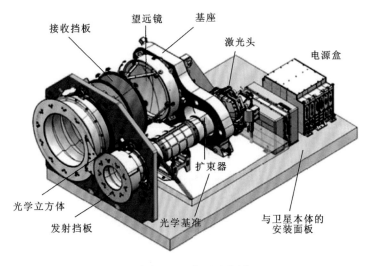

图 1.11　BELA 激光测高仪 CAD 构型示意图(Gouman et al.,2014)

2. 欧洲空间局的木卫三激光测高仪(GALA)

欧洲空间局(ESA)还计划在 2022 年发射用于探测木卫三的木星冰月探测器JUICE,该探测器上将搭载激光测高仪 GALA(Ganymede laser altimeter),主要用于木卫三及木星的地形数据获取。GALA 激光波长为 Nd：YAG@1 064 nm,脉冲能量 17 mJ,重频率为 30～50 Hz 可调,望远镜接收口径 25 cm,地面光斑直径 21～140 m 随轨道高度变化,该设备由德国、日本、瑞士以及西班牙等多个国家联合研制,如图 1.12 所示。

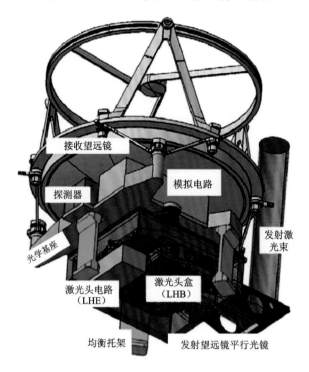

图 1.12　GALA 激光测高仪示图

3. 美国国际空间站激光测高仪(GEDI)

美国计划于 2018 年在全球生态系统动力学调查 GEDI 任务中,将激光测高仪安装在国际空间站上,以便提供更高空间分辨率的地球森林三维模型和更精确的生物量数据,帮助科学家更好地理解植被在地球碳循环中的作用和生物多样性。GEDI 主要在美国国家航空航天局的戈达德空间飞行中心进行设计和建造,将被安装在国际空间站(ISS)的日本实验舱(Japanese Experiment Module,JEM)上,并计划至少工作一年。ISS 的轨道将确保 GEDI 能在几乎所有的热带和温带区域森林进行激光测量取样。

GEDI 由三个固态激光器、一个波形数据捕获雷达和一个飞行器构成。GEDI 激光器输出波长为 1 064 nm,工作频率为 242 Hz,输出脉宽 10～13 ns,输出能量 17 mJ,输出光为高斯基模 TEM00,每束发射激光将被分成 14 个激光波束、地面足印半径 25 m、距离相隔 500 m,扫描宽度总和 6.5 km、垂直分辨率约 1 m。GEDI 激光测高载荷参数示意见图 1.13。两个大功率谐振器(high output maximum efficiency resonator,HOMER)将通过衍射光学器件分成三束脉冲能量相等的光束。多波束激光脉冲可覆盖更多的地球表面,可透过浓密的热带雨林区域的树冠,实现对植被浓密地区的覆盖。GEDI 多波束激光测高仪最终能产生高分辨率地表三维数据,尤其是获得植被的密度与分布信息。

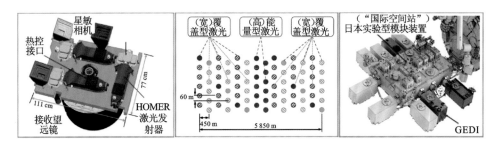

图 1.13 美国 2018 年 GEDI 激光测高载荷相关参数示意图(Coyle et al.,2015)

4. 美国先进地形激光测高系统(ATLAS)

虽然美国的第一代激光测高卫星 ICESat/GLAS 已经停止工作,但是其采集的数据具有很高的研究价值,在极地冰盖监测、全球高程控制点获取、森林生物量估算等方面得到了广泛的研究和应用。鉴于激光对研究地球上的冰层变化以及全球海平面平衡及气候变化有着重要意义,美国国家航空航天局在美国国家研究委员会的提议下,计划于 2018 年发射第二代冰、云和陆地卫星,即 ICESat-2。ICESat-2 任务将由戈达德空间飞行中心承担,计划于 2018 年在加利福尼亚范登堡空军基地发射。

ICESat-2 将搭载更为先进的地形激光测高系统 ATLAS 载荷(图 1.14)。该系统用于测量地表高程,包括冰原、森林和海洋等的高程,为地形科学研究和监测全球气候变化趋势及生物总量等提供可靠的依据。而且在时间上,ALTAS 将与冰桥计划 IceBridge(冯准准 等,2013;Studinger et al.,2010)、GLAS 等形成连续的观测序列,以实现对极地区域冰盖高程约 20 多年的不间断监测。ATLAS 一共发射 6 束激光脉冲,分 3 组平行排列,每组之间地表距离约 3 km,组内 2 束激光脉冲间隔为 90 m,且为一强一弱,相关内容在第 10 章中有详细的介绍。

图 1.14 ICESat-2 卫星 ATLAS 多波束激光测量示意图

https://icesat-2.gsfc.nasa.gov

5. 美国激光雷达地形测绘（LIST）

激光雷达地形测绘（LIST）计划是美国国家研究委员会于 2007 年向美国国家航空航天局提出的地球科学十年调查任务之一，是新一代激光测高研究计划，目标是快速高效、高精度地测量地球的地表模型。LIST 通过搭载多波束的成像激光雷达有效荷载，经过任务持续观测一次性获取全球的陆地、冰原和冰川地貌以及植被三维结构信息，同时在特定的区域实现地形和植被结构的变化探测以及全球地表 5 m 空间分辨率和 10 cm 垂直精度的地形测量。

LIST 设计搭载 10 台主控振荡器的功率放大器（master oscillator power amplifier，MOPA），每台通过衍射光学元件 DOE 分为 100 束激光，共 1 000 束的重复频率为 10 kHz 的推扫式探测，地面光斑足印大小为 5 m，总幅宽为 5 km，可大大缩短完成整个地球表面测绘任务的时间（图 1.15）。此外相邻的两束光交叉排列，还能减小线性阵列相邻光斑之间的干扰。

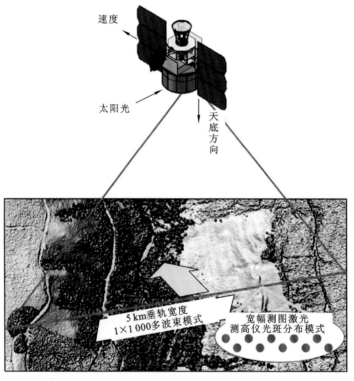

图 1.5　LIST 工作示意图

梳理国外卫星激光测高的发展历程可以看出，美国一直遥遥领先，在地外星系激光测高数据处理与应用方面已经有了较多的研究成果，欧洲空间局、日本紧随其后也取得了不错的成绩，但对地观测卫星激光测高相关的研究基本围绕美国的 ICESat/GLAS 展开，而国内基本处于技术跟踪和仿真分析论证阶段。

2016 年 5 月 30 日，我国首颗高精度民用立体测图卫星资源三号 01 星的后续星 02

星顺利发射,02 星上搭载了国内首台对地观测的激光测高试验性载荷,主要用于测试激光测高仪的功能和性能,探索地表高精度的高程控制点数据获取的可行性,以及采用该数据辅助提高光学卫星影像无控立体测图精度的可能性。在此之前,我国在对地观测的卫星激光测高技术的系统性研究和数据处理方面基本处于空白,已有的一些少量成果主要围绕搭载在美国冰星 ICESat 上的 GLAS 激光数据开展的跟踪和仿真研究,以及对 GLAS 数据的应用研究。而针对国产卫星激光测高严密几何模型构建、在轨几何检校及数据处理等相关方向的研究基本为空白。卫星激光测高作为一项新兴的测绘技术目前正在全球范围内蓬勃兴起。我国未来 3～5 年将发射的高分七号、陆地生态系统碳监测等卫星上均装备激光测高仪。因此,本书开展相关的研究工作将有效填补这一领域的部分空白,促进国内对地观测卫星激光测高相关技术的快速发展。

1.3　卫星激光测高技术对比分析

卫星激光测高技术自 20 世纪 70 年代在阿波罗探测器上首次得到应用,虽然历经了近 50 年的发展,但由于相关技术的成熟度、数据保密性及应用范围有限等多种原因,造成该技术知名度并不是很高,某种程度上制约了该技术在国内的快速发展。为了深入地剖析卫星激光测高技术特点,凸显该技术的独特地位,与卫星雷达测高和卫星激光测距相关技术进行有效区分和对比分析非常必要。

1.3.1　与卫星雷达测高的对比分析

卫星雷达测高(satellite radar altimetry,SRA)是指利用人造地球卫星搭载微波雷达高度计进行地面点定位以及测定地球形状、大小和地球重力场的技术和方法(郭金运 等,2013)。卫星雷达测高在地球重力场模型、海洋大地水准面、全球海平面变化、海底地形测量、陆地冰川监测应用等方面具有明显的优势(高乐 等,2013;刘付前 等,2009)。

美国在 1973 年发射了第一颗雷达测高卫星 Skylab,随后欧美等发达国家经 50 多年的持续投入,卫星雷达测高技术得到长足的发展,已经形成较为成熟的卫星体系,如欧洲空间局的 ESR 及 CryoSat 系列,美国主导的 Jason 系列等,其中最新的 Jason-3 于 2016 年 1 月成功发射。我国在 20 世纪 80 年代开始对卫星雷达测高技术进行跟踪研究,直到 2011 年才发射了第一颗雷达测高卫星 HY-2A。目前国内外已有的雷达测高卫星的基本信息见表 1.4。

表 1.4　国内外已有雷达测高卫星(载荷)基本信息统计表

卫星名称	国家或组织	发射年份	轨道高度/km	测高标称精度/cm	足印大小/km
Skylab	美国	1973	425	85～100	8.0
Geos-3	美国	1975	840	25～50	3.6
SeaSat	美国	1978	800	20～30	1.7

续表

卫星名称	国家或组织	发射年份	轨道高度/km	测高标称精度/cm	足印大小/km
GeoSat	美国	1985	800	10～20	1.7
ESR-1	欧洲空间局	1991	785	10	1.7
TOPEX/Poseidon	美国	1992	1 336	6	2.2
ESR-2	欧洲空间局	1995	800	10	1.7
GFO	美国	1998	800	2.5～3.5	2.0
Jason-1	美/法	2001	1 336	4.2	2.2
ENVISat	欧洲空间局	2002	800	2.5	1.7
CryoSat-1	欧洲空间局	2005	717	1～3	1.6
Jason-2	美/法	2008	1 336	2.5～3.4	2.2
CryoSat-2	欧洲空间局	2010	717	1～3	1.6
HY-2A	中国	2011	971	4	2.0
Jason-3	美/法	2016	1336	2.5～3.4	2.2

从表 1.4 可以看出,目前美国的雷达测高卫星以 Jason 系列为代表,正在形成卫星雷达测高观测体系,Jason 系列以其前身 TOPEX/Poseidon 为基础,基本保持每 8 年就发射一颗后续星,其标称的测高精度可到 2.5 cm 的水平,其足印大小基本维持在 2.2 km。而卫星激光测高的足印大小一般在 10～100 m,如 GLAS 的标称足印大小约为 66 m。由此可见,除传感器类型不一致外,足印大小是区分卫星雷达测高与卫星激光测高的最显著指标,而两者的观测对象也存在一定区别,卫星雷达测高以海洋为主,而卫星激光测高则极地、陆地、海洋均可观测,但以极地冰盖和陆地为主。

1.3.2　与卫星激光测距的对比分析

由于采用的都是激光测量技术,有些学者容易将卫星激光测距(satellite laser ranging,SLR)与卫星激光测高(SLA)进行混淆。而卫星激光测距实际是指利用安置在地面上的激光测距系统所发射的激光脉冲,跟踪观测装有激光反射棱镜的人造地球卫星或月球等地外星球,以测定测站到卫星之间的距离的技术和方法(张朋 等,2012;籍利平,2011)。简单地说,SLR 就是地面发射激光跟踪卫星,测量激光器到卫星的距离,而且卫星上装有激光角反射棱镜。而 SLA 是在卫星上发射激光,测量地面点的高程。SLR 卫星激光测距技术在 20 世纪 60 年代初由美国国家航空航天局发起,旨在利用空间技术来研究地球动力学、大地测量学、地球物理学和天文学等(刘承志 等,2002)。经过 40 多年的发展,SLR 已经达到亚厘米级的精度水平,在空间大地测量中扮演了重要角色(潘秋娟等,2007)。SLR 可精确测定卫星轨道、地面测站点的精确三维地心坐标、几千千米的基线长、地球自转参数以及地球重力场、潮汐、地壳板块运动等精密的地球物理参数,是支持国际地球自转服务(international Earth rotation and reference systems service,IERS)的重要技术手段之一。近年来还在空间碎片测量与预警方面得到有效应用。为了统筹世界各地的地面 SLR 观测资源,在国际地球自转服务内部专门成立了国际激光测距服务组织(International Laser Ranging Service,ILRS),目前全球各地分布有 50 多个 SLR 地面观测站点,其中我国境内固定的观测站点有 5 个,分别位于北京、上海、武汉、昆明和长春。

在采用地面的激光测距系统跟踪太空中运行的卫星时,与卫星激光测高类似,激光信号也需要往返经过大气层、地面观测站也会受固体潮等各种潮汐的影响、卫星与地面站也存在相对运动的问题,因此,两者在数据处理方面存在一定的相似性。但由于卫星激光测距采用了在卫星上安装特定的激光反射装置,而卫星激光测高则是直接靠地表反射激光信号,最终导致前者的观测信号的信噪比、观测精度等都优于后者。目前,重复频率高达数千赫兹的 SLR 卫星激光测距系统已经得到业务化应用,最先进的距离测量精度可达毫米级,而 SLA 卫星激光测高的精度则基本在 10～15 cm 甚至更差的水平。两者在精度水平上还存在较大区别,导致应用领域也显著不同,目前 SLR 在卫星精密定轨方面已经得到业务化应用,重复频率为千赫兹的系统也比较成熟,两者的相关参数对比如表 1.5 所示。

表 1.5　卫星雷达测高(SRA)、卫星激光测高(SLA)及卫星激光测距(SLR)参数对比表

参数名	卫星雷达测高(SRA)	卫星激光测高(SLA)	卫星激光测距(SLR)
传感器	微波雷达	激光器	激光器
观测平台	卫星	卫星	地面固定的观测站
观测对象	地球,以海洋为主	地面植被、冰盖等	卫星
足印大小(发散角)	大,千米量级	0.02～0.11 mrad,500 km 约 10～60 m	0.1 mrad 量级,500 km 约 50 m
测量精度	厘米级	10～15 cm	厘米级甚至毫米级
脉冲宽度	长,0.1 ms 量级	短,5～10 ns	超短,0.1～1 ns,下一代 ps 级(研制中)
重复频率	高,一般千赫兹	较低,GLAS:40 Hz,下一代单光子技术:10 kHz(研制中)	高,千赫兹
应用领域	海洋大地水准面、海底地形测量、海平面变化等	极地冰盖监测、全球植被测量、高程控制点获取等	卫星精确定轨、维持全球大地参考框架、极移等

从应用目的来看,卫星激光测高与卫星雷达测高都属于卫星测高范畴;从传感器类型来看,卫星激光测高与卫星激光测距都采用了激光器作为传感器;从观测对象来看,卫星激光测高与卫星雷达测高都是从卫星上观测地球或其他地外星球,而卫星激光测距则是从地面观测人造卫星或广义的卫星,比如地球的卫星——月球。

总体而言,三种技术之间有联系,但也有区别,对三者进行区分,对于后续有针对性发展卫星激光测高技术非常重要。随着激光器等相关硬件和数据后处理技术的不断发展与成熟,特别是高重频、微脉冲、小足印的单光子激光测高技术的出现,卫星激光测高研究与应用将大有可为。

第 2 章　卫星激光测高基本原理与相关测量基准

　　利用激光测高仪实现厘米级的高程测量精度是对地观测卫星激光测高的最大特点。这一精度的实现依赖于高精度距离测量、高精度卫星轨道测量、高精度卫星姿态及激光指向测量、高精度时间测量以及高精度的数据处理等要素。本章将介绍卫星激光测高的基本原理,并对相关系统构成进行说明。对卫星激光测高技术进行较为完善的定义,并对激光硬件系统、卫星精确轨道和姿态测量系统、精确测距系统等几个主要的子系统进行阐述;最后对卫星激光测高涉及的空间与时间基准进行介绍。

2.1　卫星激光测高基本原理与系统构成

2.1.1　基本原理

　　卫星激光测高是一种在卫星平台上搭载激光测高仪,并以一定频率向地面发射激光脉冲,通过测量激光从卫星到地面再返回的时间差,计算激光单向传输的精确距离,再结合精确测量的卫星轨道、姿态以及激光指向角,最终获得激光足印点高程的技术。当激光指向为严格的天底方向时,也可以理解为测出了卫星与地面的相对高度,如图 2.1 所示。

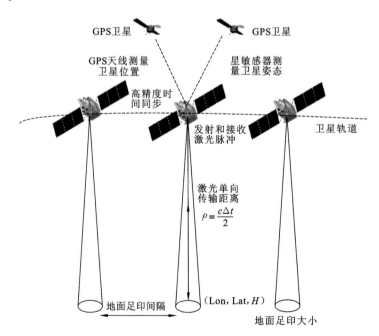

图 2.1　卫星激光测高工作示意图

卫星激光测高的核心部分包括:高精度距离测量、高精度卫星轨道测量、高精度卫星姿态及激光指向测量、高精度时间测量。利用激光精确测量卫星到地面的距离,通过 GNSS 和 SLR 精确测量轨道的位置,采用星敏感器精确测量卫星的姿态,最终结合高精度的时间同步测量,将测距、定轨、定姿三者进行关联,即可计算出地面足印点的三维空间坐标,如图 2.2 所示。

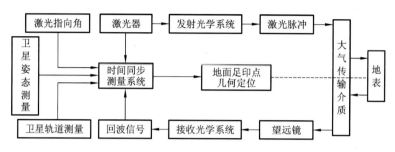

图 2.2　卫星激光测高工作原理图

2.1.2　系统构成

1. 激光硬件系统

激光硬件系统由发射系统和接收系统两部分组成。其中,激光发射系统以一定的波长和波形,通过天线发射一定功率和光束质量的激光。激光接收系统通过光学天线或望远镜收集回波信号,经过光电探测器转换为电信号,再经过放大和信号滤波处理,波形采样及数字化等步骤得到量化的回波波形(戴永江,2010)。

激光发射脉冲中有两个重要的指标,即脉冲峰值功率 P 和脉冲宽度 τ,峰值功率 P 等于脉冲能量 E 除以脉宽 τ,如式(2.1)所示,即脉冲能量一定的情况下,脉宽越窄,峰值功率越大,对于提高信噪比非常有利。脉冲宽度 τ 一般指脉冲峰值降低至一半时所对应的两个时刻差,也称半高全宽(full width at half maxium,FWHM),如图 2.3所示。

$$P = \frac{E}{\tau} \qquad (2.1)$$

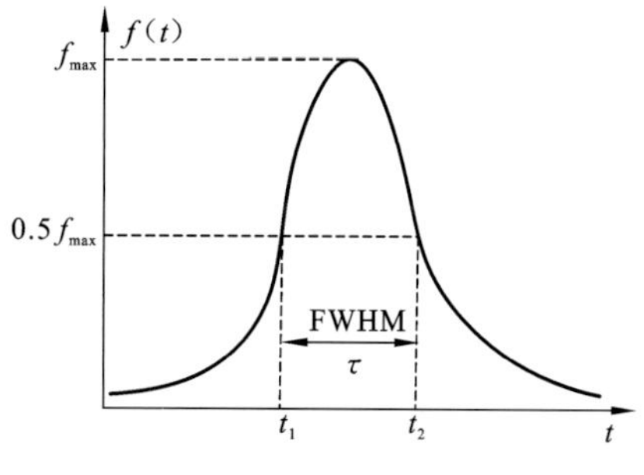

图 2.3　脉冲宽度 τ 的定义示意图

从卫星出射的激光脉冲是激光器输出光源经过发射光学系统后形成的,它与激光器参数和发射光学系统参数有关。激光器的腔模(横模、纵模)、工作条件(工作频率、温控、泵浦等)等对激光输出模式都有一定影响。一般默认输出模式为基模高斯,此时激光器的发射波形在时间和空间上均符合高斯分布,根据激光波形的脉宽及峰值功率可以模拟出激光发射波形在时域的能量分布,根据激光的发散角可以模拟出不同距离上激光脉冲的空间能量分布,如图 2.4 所示。

图 2.3 可将基模高斯脉冲理解为沿光束路径方向的能量分布,沿光束路径方向对应

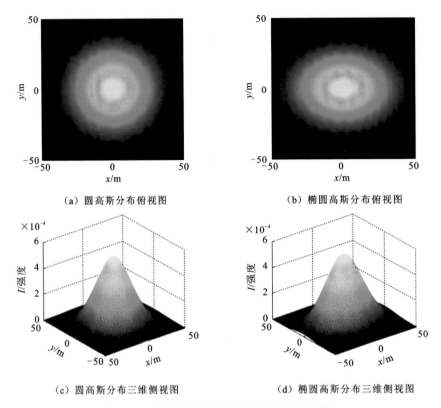

（a）圆高斯分布俯视图　　　　　　　　（b）椭圆高斯分布俯视图

（c）圆高斯分布三维侧视图　　　　　　（d）椭圆高斯分布三维侧视图

图 2.4　　激光发射脉冲空间域的强度分布情况

的为时间,采用高斯函数可建立激光能量与时间的对应关系

$$E_t = \frac{E_i}{\sqrt{2\pi}\sigma_t} \exp\left[-\frac{(t-u)^2}{2\sigma_t^2}\right] \tag{2.2}$$

其中:E_i 表示发射的激光能量(可理解为峰值);u 表示能量的中心位置;σ_t 表示均方根。

　　图 2.4 则可理解为在垂直于光束路径的激光足印内的能量分布,坐标为(x,y)点的能量表达式为

$$E(x,y) = \frac{E_t}{2\pi\sigma_{xy}^2} \exp\left(-\frac{x^2+y^2}{2\sigma_{xy}^2}\right) \tag{2.3}$$

其中:E_t 为 t 时刻激光传输到地面上的能量;σ_{xy} 为足印对应范围内的能量分布均方根。实际情况中,受硬件等因素影响,如图 2.4(b)所示激光能量也可能呈椭圆高斯分布,如5.1 节中介绍的 GLAS 激光测高系统在光斑形状更接近于椭圆。椭圆高斯分布激光脉冲的空间分布模型

$$E(x,y) = \frac{E_t}{2\pi\sigma_x\sigma_y} \exp\left(-\frac{x^2}{2\sigma_x^2} - \frac{y^2}{2\sigma_y^2}\right) \tag{2.4}$$

其中:σ_x、σ_y 分别为 x、y 方向能量分布的均方根。

　　在激光接收系统中包括光电转换、波形采样、数字量化等步骤。在望远镜接收端,背景光、杂光等都将成为噪声与激光回波一起进入接收器中,同时经过光电转换成为下一步模数转换与波形量化的输入值。在这个过程中为了最大限度地保证激光回波

的"纯洁度",需要设定滤光片,仅让波长为 1 064 nm 的窄光谱能量进入到光电转换电路中。另外,激光通过大气层时可能因云、气溶胶等产生后向散射,而形成回波信号中的背景噪声,此时需要从硬件方面采用距离门选通技术,有效抑制后向散射光,降低背景噪声影响。

激光的发射脉冲一般为纳秒级脉宽的窄脉冲,如资源三号 02 星激光测高仪设计的指标为 7 ns,但经过复杂地形、地物的影响后,回波波形会发生展宽、变形或在回波中出现多个波峰,脉冲信号长度一般可达几十纳秒甚至更长。此外,受到距离变化和环境变化的影响,脉冲信号的能量会出现起伏,此时保持一定时长的波形采样快速数字化就显得非常必要。为了有效接收并再现真实的回波信号,根据奈奎斯特采样定理,波形采样频率需要达到 10^9 量级,如 GLAS 的回波采样频率为 1 GHz,对应的时间间隔为 1 ns,通过高速模数转换将地面的回波波形采样记录下来,形成所谓的全波形数据。

回波信号的信噪比是最终激光硬件系统测量结果是否有效的重要指标。Wehr 等(1999)指出激光测距误差与信噪比的平方根成反比,即信噪比越高,测距精度就越好。对于脉冲式激光器,测距精度和信噪比的关系可以用式(2.5)表示,其中 $\Delta\rho$ 为测距误差,SNR 为信噪比,c 为光速,τ 为回波脉宽。

$$\Delta\rho = \frac{c\tau}{2\sqrt{\mathrm{SNR}}} \tag{2.5}$$

在激光器硬件研制领域,将信噪比 SNR 定义为信号电流的均方值与非信号的各种其他电流均方值的比值

$$\mathrm{SNR} = \frac{\overline{i_{\mathrm{S}}^2}}{\overline{i_{\mathrm{SN}}^2} + \overline{i_{\mathrm{Th}}^2} + \overline{i_{\mathrm{Bk}}^2} + \overline{i_{\mathrm{Dk}}^2}} \tag{2.6}$$

其中:$\overline{i_{\mathrm{S}}^2}$ 是信号电流的均方值;$\overline{i_{\mathrm{SN}}^2}$ 是霰弹噪声电流的均方值;$\overline{i_{\mathrm{Th}}^2}$ 是热噪声电流的均方值;$\overline{i_{\mathrm{Bk}}^2}$ 是背景噪声电流的均方值;$\overline{i_{\mathrm{Dk}}^2}$ 是暗电流的均方值(戴永江,2010)。由此可见,为了降低背景噪声,应采用窄带滤光片、窄视场;为了降低热噪声,应做好热控系统;同时需要采用较小的光敏面探测器以降低暗电流,采用高响应率探测器以降低等效噪声功率等。

2. 精确轨道测量系统

精确轨道测量(precision orbit determination,POD)是确保激光足印点高精度几何定位的重要基础条件。目前高精度遥感卫星一般采用双频 GPS 接收机和卫星激光测距(SLR)角反射装置进行精确轨道测量,以达到较高精度。

对于以精确高程测量为目标的卫星激光测高而言,卫星轨道的径向误差是需要重点关注的因素,ICESat 官方公布的卫星轨道径向测量精度优于 5 cm。国内经过多年的发展,在 GPS 数据处理方面也有了长足的进步,武汉大学赵齐乐等(2009)、刘经南等(2017)利用 PANDA 软件解算了 GPS 和 CHAMP 卫星轨道,精度与 IGS 精度相当;赵春梅等(2013)利用非差双频 GPS 数据,对资源三号 01 星 30 小时弧段进行了精密定轨,结果表明卫星位置重叠弧段平均精度为 4.95 cm,同时利用卫星激光测距 SLR 观测数据对星载 GPS 定轨结果进行检核的精度优于 4 cm。图 2.5 显示了资源三号 02 星精密定轨后的卫

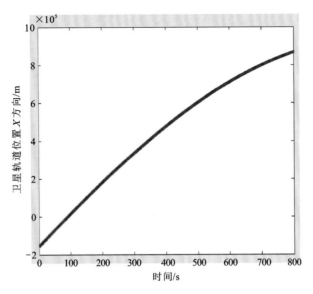

图 2.5　资源三号 02 星某弧段轨道位置随时间变化示意图

星位置与时间的对应关系,可直观地看出资源三号 02 星运行比较平稳,采用已有比较成熟的内插算法可以有效保障轨道位置的测量精度。

3. 精确姿态测量系统

精确姿态测量(precision attitude determination,PAD)是卫星激光测高系统中的重要环节,ICESat/GLAS 在卫星姿态及激光指向精确测量方面进行了大量研究和硬件投入,在测量方法上进行了创新,基本实现了 GLAS 激光束 1.5″精度的绝对指向测量结果(详情见 5.1 节)。概括而言,GLAS 采用了 40 Hz 的姿态测量频率,实现了该工作频率下每束激光指向的精确测量;采用了激光与卫星星敏关联的模式,实现了激光指向的绝对角度测量;采用了光轴变化实时监视的方式,实现了激光指向变化量的精确测量。

目前卫星的姿态测量一般采用星敏感器和陀螺联合的方式(王兴涛 等,2012)。图 2.6 和图 2.7 分别显示了资源三号 02 星、GLAS 某时间段内姿态角测量值随时间的变化,其中右图均为局部放大示意图。资源三号 02 星的姿态测量频率为 4 Hz,时间间隔为 0.25 s。ICESat/GLAS 的姿态测量频率为 40 Hz,时间间隔为 0.025 s,GLAS 能较准确地反映姿态角随时间变化的情况,说明国内在姿态测量输出频率方面还需要进一步提高。

根据欧洲空间局星敏感器的研制标准,可将姿态测量的误差分为:时间误差、高频误差、低频误差、偏置稳定性误差以及偏置误差(卢欣 等,2014)。偏置误差及稳定性误差在前几年的研究中得到了较多的关注(王密 等,2010;张过 等,2007),最近几年,随着高敏捷、高精度卫星观测的需求越来越迫切,相关研究者开始关注姿态测量的高频误差(蒋永华,2015)和低频误差(王任享 等,2016)。有关卫星高精度姿态处理的内容,可参考唐新明等(2017b)。对于卫星激光测高而言,未来还需要从平台到测高仪本身的姿态误差传导等方面深入研究。

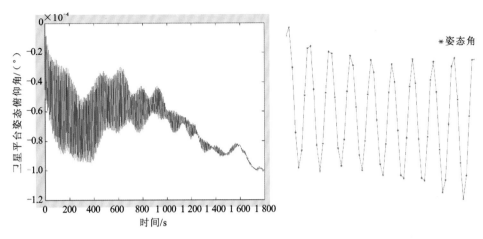

图 2.6　资源三号 02 星某弧段原始姿态数据随时间变化分布示意图(采样频率：4 Hz)

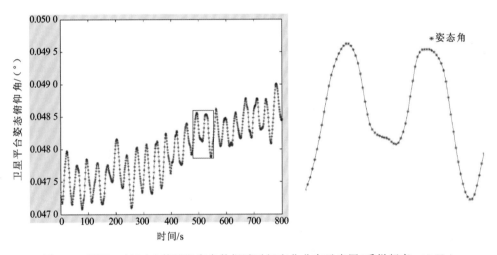

图 2.7　ICESat/GLAS 某弧段姿态数据随时间变化分布示意图(采样频率：40 Hz)

4. 精确距离测量系统

精确距离测量(precision range determination，PRD)是卫星激光测高系统的核心，目前主要通过全波形处理和直接测距实现。通过波形计算激光传输距离的原理如图 2.8 所示，图中不规则的曲线表示原始发射和接收波形，规则高斯曲线为经高斯模型和最小二乘拟合后的波形，从拟合的波形数据中可以精确提取出发射与接收波形的时间重心，根据时间重心的间隔与光速即可计算出激光往返的距离(Brenner et al.，2011)，如式(2.7)所示。由式(2.7)可看出，1 ns 的时间间隔对应 0.15 m 的单程传输距离。在波形采样时间间隔为 1 ns 的条件下，理论上通过数学拟合等后处理方法，距离测量分辨率及精度可优于 0.15 m。

$$\rho=\frac{1}{2}c\Delta t=\frac{1}{2}c(t_1-t_0) \tag{2.7}$$

其中：$c = 299\ 792\ 458\ \text{m/s}$，为光在真空中的传播速度；$t_0$ 为发射波形的重心时刻；t_1 为接收波形的重心时刻；Δt 为激光往返传输的时间差。

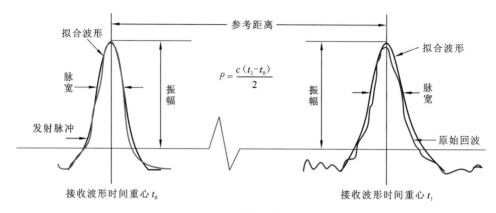

图 2.8　全波形激光测距示意图

此外，从卫星上发射的激光脉冲需要经过大气传输达到地面，然后再经过地面反射返回大气，在这个过程中，大气及潮汐引起的地面点高程偏移对激光测距值有一定的影响，一般大气影响最大可达 2.35 m，潮汐影响最大可到 0.5 m。因此，进行激光精确距离测量时，必须改正大气和潮汐对激光测距值的影响。另一方面，由于系统性的时间延迟误差、激光参考点的测量误差等导致激光器在实验室进行检校时，会存在一个明显的系统性偏差，如 GLAS 因晶振延迟造成测距系统性误差高达 9.56 m。所以，对激光测距的系统性误差进行精确检校是确保高精度距离测量的重要前提条件，本书第 6 章将会进行具体的阐述和解算。

2.2　空间基准与时间基准

2.2.1　空间基准

卫星激光测高的严密几何模型涉及如下几个坐标系：激光测量坐标系、卫星本体坐标系、姿态测量坐标系、轨道坐标系、J2000 坐标系、WGS84 大地坐标系等，除激光测量坐标系外，其他各坐标系的定义与光学卫星基本一致（唐新明 等，2012；袁修孝，2012；张过，2005）。相关坐标系的介绍如下。

1. 激光测量坐标系

激光发射的参考起点为原点，激光出射方向为 Z 轴正方向，沿卫星飞行方向为 X 轴，Y 轴由右手准则确定。

2. 卫星本体坐标系

以卫星质心为原点且与星体固连的坐标系，其三轴定义如下：卫星质心为原点，X 轴指向卫星飞行方向，Z 轴指向天底方向，Y 轴垂直于卫星轨道平面，与 X、Z 轴构成右手坐标系。

3. 姿态测量坐标系

名义上与卫星本体坐标系重合,但两者之间一般存在较小的夹角,摄影测量学中一般称之为偏心角,需要进行精确标定检校。实验室给出的检校值一般存在一定误差,需要卫星在轨运行平稳后,进行定期高精度在轨几何检校,精确测量出本体坐标系与姿态测量坐标系的偏心角。

4. 轨道坐标系

坐标原点位于卫星的质心,X 轴位于轨道面内,垂直于卫星与地心的连线,指向卫星前进的方向;Z 轴位于轨道面内,指向地心方向;Y 轴垂直于轨道面,由右手法则确定。轨道坐标的原点随着卫星运动而不断变化,星敏感器测量出的角度即为轨道坐标系相对于姿态测量坐标系的角度,代表了卫星运动过程中的姿态角。

5. GPS 天线测量坐标系

用于卫星轨道位置测量的 GPS 天线坐标系,原点位于 GPS 天线相位中心;X 轴过原点,指向卫星本体系的 $+X$ 方向;Z 轴过原点,指向卫星本体系的 $-Z$ 方向;Y 轴,构成右手准则。

6. J2000 坐标系

J2000 历元是目前天文及地球科学中统一采用的标准历元 TT(terrestrial time),即 TT 历元下的 2000 年 1 月 1 日 12:00 为起点,以原子时秒长为尺度的计时历元,J2000 历元对应的 UTC(coordinated universal time)世界标准时间为:2000 年 1 月 1 日 11:58:55.816。采用 J2000 时刻定义的天球参考坐标,称为 J2000 坐标系或简记为 J2000,J2000 可以理解为国际天球参考系(international celestial reference system,ICRS)的一种。卫星的姿态测量参数如国产资源三号卫星姿态输出值即以 J2000 为基准,表达的是姿态测量坐标系在 J2000 下的三个姿态角或四元数,此时的角度或四元数包含了姿态测量坐标系与轨道坐标系的转换,以及轨道坐标系与 J2000 的转换,是两次变换的组合结果。

7. WGS84 坐标系

WGS84 坐标系属于地心地固右手正交坐标系,其原点位于地球质心,Z 轴与 1984.0 历元的 BIH 协议地极一致,X 轴指向 IERS(international Earth rotation service,国际地球自转服务)参考子午线与过原点且垂直于 Z 轴平面的交点,Y 轴由右手准则确定。WGS84 实际是国际地球参考系(international terrestrial reference system,ITRS)的一种,GPS 测量值为 WGS84 坐标系下的三维空间坐标。

8. 轨道坐标系与 J2000 坐标系的转换

求解轨道坐标系到 J2000 坐标系的转换矩阵,需要 J2000 坐标系下的卫星位置矢量

$\boldsymbol{P} = (X_0 \quad Y_0 \quad Z_0)^{\mathrm{T}}$ 和速度矢量 $\boldsymbol{V} = (V_{X0} \quad V_{Y0} \quad V_{Z0})^{\mathrm{T}}$，公式如下：

$$\boldsymbol{R} = \begin{pmatrix} X_X & Y_X & Z_X \\ X_Y & Y_Y & Z_Y \\ X_Z & Y_Z & Z_Z \end{pmatrix}$$

其中：$\boldsymbol{Z} = \dfrac{\boldsymbol{P}}{\|\boldsymbol{P}\|}$，$\boldsymbol{X} = \dfrac{\boldsymbol{V} \times \boldsymbol{Z}}{\|\boldsymbol{V} \times \boldsymbol{Z}\|}$，$\boldsymbol{Y} = \boldsymbol{Z} \times \boldsymbol{X}$。分别表示轨道坐标系的三个轴向在天球坐标系下的方向向量。

9. J2000 与 WGS84 坐标系的转换

如前所述，J2000 坐标系是国际天球参考坐标系的一种，而 WGS84 则是国际地球参考系的一种，两者之间的转换即为天球坐标系到地固坐标系的转换，需要经过岁差、章动、地球的自转以及极移等（张捍卫 等，2005），相关转换已经比较成熟，本节就不再重复。

10. 大地坐标系转换

以大地基准为基础建立的坐标系称为大地坐标系，一般采用大地经度 L、大地纬度 B 和大地高 H 表示。地球参考框架坐标系下的空间直角坐标 (X, Y, Z) 与经纬度 (B, L) 及大地高 H 之间的对应关系如式下：

$$\begin{cases} X = (N+H)\cos B \cos L \\ Y = (N+H)\cos B \sin L \\ Z = [N(1-e^2)+H]\sin B \end{cases} \tag{2.8}$$

其中：N 为该点卯酉圈半径；e 为参考椭球第一偏心率。N 的计算公式为

$$N = \frac{a}{\sqrt{1-e^2 \sin^2 B}} \tag{2.9}$$

其中：a 为参考椭球长半轴。

如果要根据空间直角坐标 (X, Y, Z) 计算出大地坐标 (B, L, H)，则将式（2.8）变换为式（2.10），然后采用迭代计算的方法（孔祥元，2010）。

$$\begin{cases} L = \arctan \dfrac{Y}{X} \\ \tan B = \dfrac{1}{\sqrt{X^2+Y^2}}\left(Z + \dfrac{ae^2 \tan B}{\sqrt{1+\tan^2 B - e^2 \tan^2 B}}\right) \\ H = \dfrac{\sqrt{X^2+Y^2}}{\cos B} - N \end{cases} \tag{2.10}$$

11. 高程系统转换

作为一种高精度的测高技术，理顺卫星激光测高的高程参考基准及不同的高程系统显得非常必要。目前，常用的高程系统包括大地高系统、正高系统和正常高系统，其中正常高也称水准高（李建成 等，2017；李征航 等，2016）。

　　大地高系统是以参考椭球面为基准面的高程系统,某点的大地高(geodetic height)是该点沿通过该点的参考椭球面法线至参考椭球面的距离。正高系统是以地球不规则的大地水准面为基准面的高程系统。某点的正高(orthometric height/geoidal height)是从该点出发,沿该点与基准面间各个重力等位面的垂线所量测出的距离(李建成 等,2017;宫雨生,2007),如图 2.9 所示,其中大地水准面也称地球重力等位面,是不规则的曲面,可视作平均海水面(mean sea level,MSL)的延伸。大地高与正高之间的差距称为大地水准面差距 N,如式(2.11)所示,其中 H 为大地高,H_g 为正高。

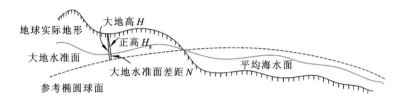

图 2.9　不同高程基准参考面示意图

　　根据全球大地水准面模型中给出的大地水准面差距值和大地高即可计算出正高:

$$N = H - H_g \tag{2.11}$$

　　正常高指某点相对于似大地水准面的高度。似大地水准面与大地水准面较为接近,但不是等位面,没有确切的物理意义,在辽阔的海洋上与大地水准面基本一致(李征航 等,2016)。似大地水准面到参考椭球面的距离为高程异常 ζ,如图 2.10 所示。

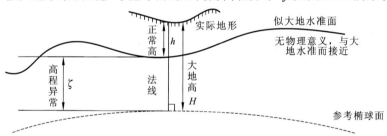

图 2.10　大地高和正常高的对应关系

　　大地高 H 与正常高 h 之间的关系为

$$\zeta = H - h \tag{2.12}$$

　　目前卫星工程中一般采用 GPS 信号进行精密定轨,而 GPS 测量的高程基准是参考椭球面,因此,卫星激光测高所测得的激光足印点高程属于大地高,如 ICESat/GLAS 的测量结果为相对于 TOPEX/Poseidon 参考椭球面的大地高,资源三号 02 星直接解算出的激光测高结果为相对 WGS84 参考椭球的大地高。而我国目前采用的是"1985 国家高程基准",属于正常高,因此,如果要将卫星激光测高的成果转换为我国的高程系统,需要进行高程异常改正。此外,目前公开发布的 EGM96[①]、EGM2008(Pavlis et al.,2008)为全

---

① 引自:LEMOINE F G,KENYON S C,FACTOR J K,et al.,1998. The Development of the Joint NASA GSFC and the National Imagery and Mapping Agency(NIMA) Geopotential Model EGM96. NASA/TP-1998-206861,July 1998.

球大地水准面模型,描述的则是大地高与正高之间的差距,与正常高并不一致。我国在2001年推出了新一代分米级精度大地水准面(CQG2000),该模型为覆盖全国的高程异常改正模型,总体精度比我国第一代大地水准面成果(CQG1980)提高一个数量级。CQG2000总体分辨率为$15' \times 15'$(30 km×30 km),全国平均精度为±0.36 m,其中东部精度优于中西部(陈俊勇 等,2005)。

2.2.2　时间基准

卫星激光测高系统主要由卫星定位、定姿和激光测距等几个部分组成,各部分分别由对应的硬件系统进行测量获得观测数据,相应的数据处理可能由不同的独立功能模块完成,然后进行最终集成。在这些过程中时间信息非常关键,因此,统一的时间基准及高精度的时间同步在卫星激光测高系统中非常重要。确定时间通常考虑两个要素,即计时的起点和计时的尺度,前者称为历元,后者为时间基准(孔祥元,2010)(图2.11)。

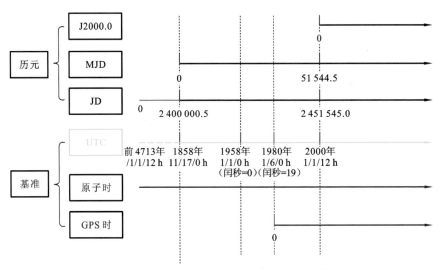

图2.11　激光测高卫星常用的时间基准与历元(孔祥元,2010)

1. 协调世界时

世界时(universal time,UT)又称格林尼治时间或平太阳时,严格是指UT1,是以地球自转为基础的时间计量系统。各地天文台通过观测恒星得到不同的世界时,称作UT0。在UT0中加入极移改正,即得到全球统一的世界时UT1,UT1是民用时,世界发生的大事件都是用该时间记录。UT1加入地球自转速度的季节性变化改正,进而得到一年内的平滑世界时UT2。协调世界时(coordinated universal time,UTC)与格林尼治平均时(Greenwich mean time,GMT)一样,与英国伦敦的本地时相同,而北京时区是东八区,领先UTC时间8小时,因此,UTC时间加8小时即为北京本地的时间。

2. 国际原子时

国际计量局(Bureau International des Poids et Mesures,BIPM)依据全球53个国家

70 多个守时实验室中约 400 多台自由运转的原子钟每月所给的数据,采用 ALGOS 算法,再经时间频率基准钟进行频率修正,得到国际原子时(international atomic time, TAI)。规定原子时的起点为 1958 年 1 月 1 日 0 时的值与 UT2 相同(实际比 UT2 慢 0.003 9 s),位于海平面上的铯 133(133Cs)原子基态两个超精细能级间在零磁场中跃迁辐射振荡 9 192 631 770 周所持续的时间为 1 个原子时秒。国际原子时作为约定的时间基准,用于定义和维持其他常用时间系统。

协调世界时以原子时秒长为基础,在时刻上尽量接近世界时(UT1),当 UTC 与世界时之间时刻相差超过 0.9 s 时,就在协调世界时 UTC 上加上或减去 1 s,称为闰秒。1979 年起,UTC 已取代世界时作为无线电通信的标准时间。目前,许多国家均已采用 UTC 时间来发播时号,同时会发布(UT1−UTC)的值。跳秒一般在格林尼治时间的 6 月 30 日 23:59:60 和 12 月 30 日 23:59:60 两个时刻加入跳秒,协调世界时 UTC 与国际原子时 TAI 之间相差 N 个整秒,即

$$TAI-UTC=N \tag{2.13}$$

其中:N 为整数,历次的闰秒记录如表 2.1 所示,激光测距系统和定姿系统均以世界时 UTC 为基准。

表 2.1　历次跳秒统计表

约化儒略日	年	月	跳秒值	TAI-UTC
41317.0	1972	1	1	10
41499.0	1972	7	1	11
41683.0	1973	1	1	12
42048.0	1974	1	1	13
42413.0	1975	1	1	14
42778.0	1976	1	1	15
43144.0	1977	1	1	16
43509.0	1978	1	1	17
43874.0	1979	1	1	18
44239.0	1980	1	1	19
44786.0	1981	7	1	20
45151.0	1982	7	1	21
45516.0	1983	7	1	22
46247.0	1985	7	1	23
47161.0	1988	1	1	24
47892.0	1990	1	1	25
48257.0	1991	1	1	26
48804.0	1992	7	1	27

约化儒略日	年	月	跳秒值	TAI−UTC
49169.0	1993	7	1	28
49534.0	1994	7	1	29
50083.0	1996	1	1	30
50630.0	1997	7	1	31
51179.0	1999	1	1	32
53736.0	2006	1	1	33
54832.0	2009	1	1	34
56109.0	2012	7	1	35
57203.0	2015	7	1	36
57754.0	2017	1	1	37

http://hpiers.obspm.fr/eop-pc/index.php

3. GPS 时

GPS 时(GPS time,GPST)是由 GPS 地面站和 GPS 卫星中的原子钟建立和维持的一种原子时,起点为 1980 年 1 月 6 日 0:00:00,在该时刻,GPS 时与 UTC 所给出的时间是一致的。由于 1980 年 1 月 6 日 0:00:00 的 UTC 比 TAI 少 19 s,GPST 与 TAI 之间存在固定的 19 s 偏差,即

$$TAI-GPST=19\ s \tag{2.14}$$

由于 GPST 是由独立于 BIPM 守时系统外的原子钟维持的,两者之间还存在微小偏差 C^0,即

$$TAI-GPST=19\ s+C^0 \tag{2.15}$$

其中:C^0 由专门的单位测定并发布。

卫星激光测高系统中的卫星定位系统以 GPS 时为基准。

4. 约化儒略日

儒略日(Julian day,JD)是一种长期连续记日法,以公元前 4713 年 1 月 1 日 12:00(世界时平正午)为起点,逐日累加。儒略日与 UTC 之间可以通过公式相互转化。约化儒略日采用 1858 年 11 月 17 日平子夜作为起点,逐日累加。约化儒略日(modified Julian day,MJD)避免了直接采用儒略日而造成数字过大所带来的不便,两者之间相差 2 400 000.5 天,即

$$MJD=JD-2\ 400\ 000.5 \tag{2.16}$$

IERS 以儒略日为基准发布不同时刻的地球自转参数。在计算天球坐标系到地球坐标系的转换矩阵时需按照约化儒略日计算相关参数(李征航 等,2010)。

5. J2000.0 历元

J2000.0 历元是目前天文及地球科学中统一采用的标准历元 TT,即以 2000 年 1 月 1

日 12:00 为起点,以原子时秒长为尺度的计时历元。卫星的轨道及姿态参数通常以该历元下的 UTC 时间发布,例如,时刻 138 763 759.849 831,表示相对于 2000 年 1 月 1 日 12:00 经过了(138 763 759.849 831+N)s,N 为标准历元以来的跳秒值。

6. 儒略日与 UTC 时间的转换

根据 UTC 的年(Y)月(M)日(D)计算儒略日,如下:

$$JD = 1\ 721\ 013.5 + 367 \times Y - \text{int}\left(\frac{7}{4}\left(Y + \text{int}\left(\frac{M+9}{12}\right)\right)\right) + D + \frac{h}{24} + \text{int}\left(\frac{275 \times 10}{9}\right)$$

$$(2.17)$$

其中:Y、M、D 分别为 UTC 的年、月、日;h 为小时数;int 为取整符号。

根据儒略日计算 UTC 的年、月、日,如下:

$$
\begin{cases}
a = \text{int}(JD + 0.5) \\
b = a + 1\ 537 \\
c = \text{int}\left(\dfrac{b - 122.1}{365.25}\right) \\
d = \text{int}(365.25 \times c) \\
e = \text{int}\left(\dfrac{b - d}{30.600}\right) \\
D = b - d - \text{int}(30.600\ 1 \times e) + \text{FRAC}(JD + 0.5) \\
M = e - 1 - 12 \times \text{int}\left(\dfrac{e}{24}\right) \\
Y = c - 4\ 715 - \text{int}\left(\dfrac{7 + M}{10}\right)
\end{cases}
$$

$$(2.18)$$

其中:FRAC()表示取小数部分。

第3章　卫星激光测高严密几何模型与误差分析

高精度几何处理是卫星激光测高数据有效应用的基本条件。激光脉冲从卫星发射系统出来后,经过大气的传输影响到达地面,然后再经过地面反射返回大气,最后到达卫星的接收望远镜,进入接收系统。在这个过程中,激光回波信号的能量、空间分布以及测量精度等除受硬件本身的探测性能影响外,还与卫星的位置与姿态、大气以及地面等其他因素密切相关。本章将从卫星激光测高严密几何模型的构建入手,对不同坐标系特别是高程参考系统进行说明,对各类误差源进行定量分析,同时对其中比较重要的大气折射进行重点研究,对影响激光足印点的三维空间位置改正方法进行探讨。

3.1　国内外研究现状

国外围绕 SLA、GLAS 等对地观测的激光测高数据处理开展了较多的研究,且主要围绕全波形处理。在理论研究方面,Gardner 早在 1992 年就对地形与激光回波波形的对应关系作了理论推导,相关物理模型基本被后续相关学者认可和采纳;Harding 等(1994)在 Gardner 的理论基础上做了进一步地深化,对坡度、粗糙度以及云量等对激光测高精度的影响进行了定量分析。Carabajal 等(2012)针对 SLA 激光测高数据的波形数据、几何坐标解算、高程精度验证进行了研究,总结得相对比较全面,但由于 SLA 获得的激光足印光斑较大(约 100 m)、硬件水平受限,处理结果并没有实现业务化应用。在基于 ICESat/GLAS 波形信息提取地形、森林垂直结构参数处理方面,Harding 等(2005)、Lefsky 等(2005)、Duong(2010)等开展了较多的研究分析,其中 Duong(2010)还对全波形数据处理进行地表覆盖分类进行了探讨。Brenner 等(2011)对 GLAS 的全波形数据处理流程进行了较为系统的分析;Herring 等[1]对 GLAS 激光大气延迟改正进行了介绍,但对大气折射引起的平面偏差的分析尚存在一定问题;Carabajal et al(2012)等针对 SLA 激光测高数据的波形数据、几何坐标解算、高程精度验证进行了研究;Schutz 等[2]对 GLAS 激光足印几何定位算法进行了研究,但具体细节并未详述;Herzfeld 等(2014)针对即将发射的 ICESat-2 开展微脉冲光子计数激光测高数据处理的预研,并对地形及植被参数提取进行了仿真实验分析,但 ICESat-2 属于下一代光子技术激光测高卫星,与目前线性体制的激光测高卫星还有一定区别。

---

[1] 引自:HERRING T A,QUINN K J,2012. The Algorithm Theoretical Basis Document for the Atmospheric Delay Correction to GLAS Laser Altimeter Ranges. NASA.

[2] 引自:SCHUTZ B E,URBAN T J,2014. The GLAS Algorithm Theoretical Basis Document for Laser Footprint Location (Geolocation) and Surface Profiles. NASA.

　　国内针对对地观测卫星激光测高数据处理,相关研究基本围绕 GLAS 数据开展,主要在全波形处理、大气延迟改正、精度验证或数据应用等方面。李松(2004)对星载激光测高仪的发展现状进行综述介绍,还利用菲涅尔衍射理论对高斯型激光回波信号进行了推导分析(李松 等,2007);宋志英等(2009)对 ICESat/GLAS 激光测高数据在冰盖、海冰、陆地以及海面等不同地表特征下波形的处理算法进行了研究;王海颖等(2007)提出了一种基于抗差估计的激光测高数据精细化处理方法,能有效减少大气或系统噪声影响下的模型偏差或异常观测值干扰;范春波等(2007)对 GLAS 足印点定位原理及数据处理过程进行了介绍;文汉江等(2011)采用 GPS 测量数据对 GLAS 的高程精度进行了验证分析,并对两者的观测结果差异进行了对比分析;李松等(2014)对星载激光测高系统大气折射延迟作了分析,并以 GLAS 为例进行了验证;马跃等(2015a)对激光回波波形噪声抑制及波形参数提取等进行研究;周辉等(2015)针对噪声对星载激光测高仪测距误差进行了仿真模拟分析;黄朝围等(2016)对不同地形条件激光测高仪的误差做了定量分析;严明等(2015)对大气折射引起的卫星影像几何位置偏差进行了分析研究,相关结论对分析大气延迟对激光足印点位置偏差的影响有一定参考价值;邢艳秋等(2013)对星载雷达全波形数据估测森林结构参数研究作了综述性总结,李增元等(2016,2015)对大光斑激光雷达数据用于森林参数反演进行了综述和系统性地研究;王成等(2015)对星载 GLAS 的数据后处理及应用做了较为系统的介绍,但对数据的前端处理特别是激光足印点三维坐标如何解算涉及较少。唐新明等(2016)对国产卫星激光测高严密几何模型的构建进行了研究,并对光行差、激光指向角等相关误差源进行了定量分析。

3.2　卫星激光测高严密几何模型构建

　　卫星激光测高严密几何模型描述的是如何根据卫星轨道测量值、姿态测量值、距离测量值等,从卫星逐步转换到地面激光足印点三维坐标的过程。图 3.1 表示卫星激光测高严密几何模型示意图,激光发射的参考点为 P_{laser},地面足印点为 P_{Ground},GPS 天线相位中心位置为 P_{GPS},卫星质心为 O_{Body},激光单程传输距离为 ρ,地面足印点在 WGS84 地心地固坐标系下的三维空间坐标为 $(X,Y,Z)^{T}_{WGS84}$。

　　激光发射时指向方向与卫星本体坐标系存在一定的夹角,假设激光指向与本体坐标系 Z 轴的正向夹角为 θ,在 XOY 平面上的投影与 X 轴正向夹角为 α,如图 3.2 所示。

　　图 3.2 中,若激光的单程测距值为 ρ,激光参考点在

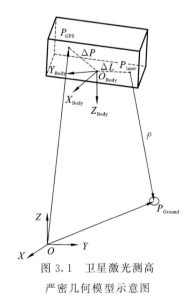

图 3.1　卫星激光测高
严密几何模型示意图

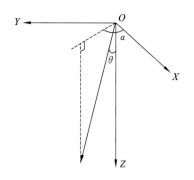

图 3.2　两个角描述的激光指向示意图

本体坐标系中的坐标为：$\Delta \boldsymbol{L} = (L_x \quad L_y \quad L_z)^{\mathrm{T}}$，则激光足印点在卫星本体坐标系下的坐标为

$$\rho = \begin{pmatrix} L_x \\ L_y \\ L_z \end{pmatrix} + \begin{pmatrix} \rho\sin\theta\cos\alpha \\ \rho\sin\theta\sin\alpha \\ \rho\cos\theta \end{pmatrix}_{\text{Body}} \quad (3.1)$$

通过 GPS 定位系统可以测定 GPS 天线相位中心的位置 $(X_{\text{GPS}} \ Y_{\text{GPS}} \ Z_{\text{GPS}})^{\mathrm{T}}$，但 GPS 的相位中心一般与卫星质心不完全重合，两者之间存在一定的偏差，在摄影测量学中称之为偏心量。假定 GPS 相位中心在卫星本体坐标系下的坐标为：$\Delta \boldsymbol{P} = (D_x \quad D_y \quad D_z)^{\mathrm{T}}$。卫星星敏感器相对于卫星本体坐标的安置矩阵为 $\boldsymbol{R}_{\text{Body}}^{\text{Star}}$，而星敏感器姿态测量坐标系到 J2000 坐标系下的旋转矩阵为 $\boldsymbol{R}_{\text{Star}}^{\text{J2000}}$，J2000 坐标系到 WGS84 的坐标变换矩阵为 $\boldsymbol{R}_{\text{J2000}}^{\text{WGS84}}$。因此，在综合考虑安置误差及大气折射等引起测距误差的条件下，激光测高卫星的严密几何定位公式可描述为

$$\begin{pmatrix} X \\ Y \\ Z \end{pmatrix}_{\text{WGS84}} = \begin{pmatrix} X_{\text{GPS}} \\ Y_{\text{GPS}} \\ Z_{\text{GPS}} \end{pmatrix}_{\text{WGS84}} + \boldsymbol{R}_{\text{J2000}}^{\text{WGS84}} \boldsymbol{R}_{\text{Star}}^{\text{J2000}} \boldsymbol{R}_{\text{Body}}^{\text{Star}} \left[\begin{pmatrix} L_x \\ L_y \\ L_z \end{pmatrix} + \begin{pmatrix} (\rho+\Delta\rho)\sin\theta\cos\alpha \\ (\rho+\Delta\rho)\sin\theta\sin\alpha \\ (\rho+\Delta\rho)\cos\theta \end{pmatrix} - \begin{pmatrix} D_x \\ D_y \\ D_z \end{pmatrix} \right]$$

$$(3.2)$$

其中：$\Delta\rho$ 为因大气折射 $\Delta\rho_{\text{atm}}$ 及硬件测距系统性误差 $\mathrm{d}\rho$ 而引起的测距改正值

$$\Delta\rho = \Delta\rho_{\text{atm}} + \mathrm{d}\rho \quad (3.3)$$

在计算出足印点在 WGS84 地固坐标系下的坐标后，还需要进行潮汐改正，获得足印点的三维坐标后，可根据需要转换为大地坐标 (B, L, H)。

式（3.1）中指向角 θ 和 α 为实验室测量值，但一般存在一定误差，或随着卫星上天后在微重力环境下指向角会发生变化，而测距系统性误差 $\mathrm{d}\rho$ 在实验室测量也会存在一定偏差，因此，在卫星在轨运行平稳后，需要对指向角 θ 和 α 以及测距系统性误差 $\mathrm{d}\rho$ 定期进行精确的在轨几何检校。

在实验室测量过程中，对于激光束在本体坐标系下的描述，有时也采用矢量与三个坐标轴的夹角进行描述，如图 3.3 所示，激光束与三轴的夹角分别为：A_x, B_y, C_z。三个角度相关，它们的余弦平方和等于 1，即满足式（3.3），实际只有两个独立变量。

$$\cos^2 A_x + \cos^2 B_y + \cos^2 C_z = 1 \quad (3.4)$$

此时，式（3.2）也可以改写为

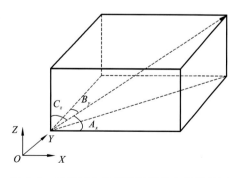

图 3.3　采用三个角描述激光指向的示意图

$$
\begin{pmatrix} X \\ Y \\ Z \end{pmatrix}_{\text{WGS84}} = \begin{pmatrix} X_{\text{GPS}} \\ Y_{\text{GPS}} \\ Z_{\text{GPS}} \end{pmatrix}_{\text{WGS84}} + \boldsymbol{R}_{\text{J2000}}^{\text{WGS84}} \boldsymbol{R}_{\text{Star}}^{\text{J2000}} \boldsymbol{R}_{\text{Body}}^{\text{Star}} \left[\begin{pmatrix} L_x \\ L_y \\ L_z \end{pmatrix} + \begin{pmatrix} (\rho + \Delta\rho) \cos A_x \\ (\rho + \Delta\rho) \cos B_y \\ (\rho + \Delta\rho) \cos C_z \end{pmatrix} - \begin{pmatrix} D_x \\ D_y \\ D_z \end{pmatrix} \right] \quad (3.5)
$$

3.3　误差分析

对卫星激光测高的各类误差进行分析,对于卫星论证阶段相关指标的设计、发射后的数据处理与应用具有重要的指导作用。按大类进行划分,卫星激光测高的误差应该包括硬件误差、环境误差以及目标误差(图 3.4)。其中:硬件误差包括卫星轨道姿态测量误差、时间同步误差、激光本身测距误差等;环境误差包括大气和潮汐影响;目标误差包括主要是地形起伏、足印光斑内的地物和地表粗糙度等。结合 3.1 节中建立的严密几何定位模型,从硬件误差、卫星轨道和姿态测量误差、地形起伏引起的误差以及光行差等几个主要的误差进行分析。

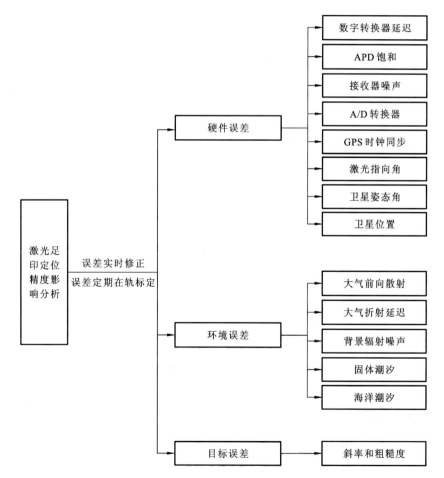

图 3.4　卫星激光测高仪定位误差分解示意图

3.3.1 硬件误差

1. 距离测量误差

不同于光学立体影像通过同名点光线交会的方式获得物方三维空间坐标,激光主要依赖于距离测量值、激光指向等信息确定地面点的物方坐标,此时距离测量精度成为影响激光足印点几何精度特别是高程精度的一个重要因素之一,它直观反映了卫星与地面点的距离、决定了几何定位模型的比例尺大小。资源三号 02 星的激光测距误差为 1.0 m。

2. 硬件安装误差

与光学卫星类似,激光测高卫星也存在一定的硬件安装误差,主要包括激光参考点以及 GPS 天线相位中心与本体坐标系原点的位置偏差,即光学卫星中的偏心量;激光测量坐标系与本体坐标系的轴向偏差,即激光指向角的测量偏差;本体坐标系与姿态测量坐标系的轴向偏差,即光学卫星中的偏心角。目前对偏心量的测量一般可以达到厘米级精度,可不作为主要误差源。而姿态测量坐标系名义上一般与卫星本体坐标系重合,即时考虑存在一定偏差,也可将式(3.2)表示为

$$
\begin{pmatrix} X \\ Y \\ Z \end{pmatrix}_{\text{WGS84}} = \begin{pmatrix} X_{\text{GPS}} \\ Y_{\text{GPS}} \\ Z_{\text{GPS}} \end{pmatrix}_{\text{WGS84}} + \boldsymbol{R}_{\text{J2000}}^{\text{WGS84}} \boldsymbol{R}_{\text{Star}}^{\text{J2000}} \left[\begin{pmatrix} (\rho+\Delta\rho)\sin\theta'\cos\alpha' \\ (\rho+\Delta\rho)\sin\theta'\sin\alpha' \\ (\rho+\Delta\rho)\cos\theta' \end{pmatrix} + \begin{pmatrix} T_x \\ T_y \\ T_z \end{pmatrix} \right] \tag{3.6}
$$

其中

$$
\begin{pmatrix} \sin\theta'\cos\alpha' \\ \sin\theta'\sin\alpha' \\ \cos\theta' \end{pmatrix} = \boldsymbol{R}_{\text{Body}}^{\text{Star}} \begin{pmatrix} \sin\theta\cos\alpha \\ \sin\theta\sin\alpha \\ \cos\theta \end{pmatrix} \tag{3.7}
$$

即可将激光指向角偏差直接表达为激光测量坐标系相对于姿态测量坐标系的偏差。此时,对式(3.6)的指向角求偏导,有

$$
\begin{cases} \dfrac{\partial (X,Y,Z)^{\text{T}}}{\partial \theta} = \boldsymbol{R}_{\text{J2000}}^{\text{WGS84}} \boldsymbol{R}_{\text{Star}}^{\text{J2000}} \begin{pmatrix} (\rho+\Delta\rho)\cos\theta'\cos\alpha' \\ (\rho+\Delta\rho)\cos\theta'\sin\alpha' \\ (\rho+\Delta\rho)\sin\theta \end{pmatrix} \\[4mm] \dfrac{\partial (X,Y,Z)^{\text{T}}}{\partial \alpha} = \boldsymbol{R}_{\text{J2000}}^{\text{WGS84}} \boldsymbol{R}_{\text{Star}}^{\text{J2000}} \begin{pmatrix} -(\rho+\Delta\rho)\sin\theta'\sin\alpha' \\ (\rho+\Delta\rho)\sin\theta'\cos\alpha' \\ 0 \end{pmatrix} \end{cases} \tag{3.8}
$$

由式(3.8)可知,在 XY 平面内的指向角 α 对最终的激光足印点高程误差基本没有影响,对高程有影响的主要是与 Z 方向的夹角 θ,而 θ 与 α 均对平面误差有影响。假定测距本身不存在误差,统计 600 km 的轨道高度时,不同指向角 θ 及误差 $\mathrm{d}\theta$ 对激光足印点三维坐标的影响,以及不同指向角 α 及 $\mathrm{d}\theta$、$\mathrm{d}\alpha$ 引起的平面误差,采用等值线图的形式进行表示,结果如图 3.5 和图 3.6 所示。

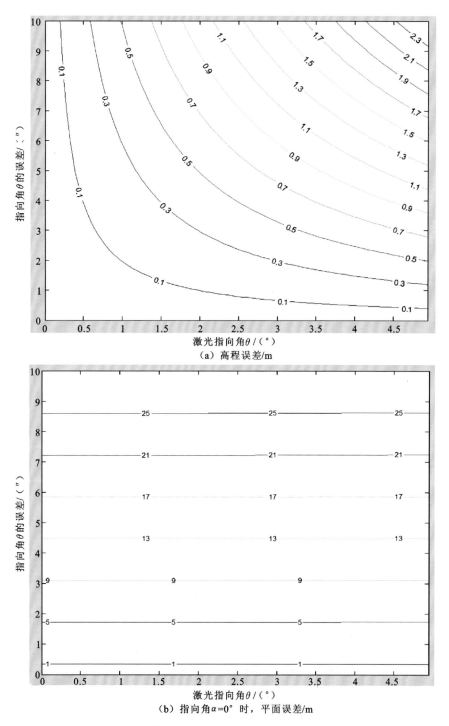

图 3.5　指向角 θ 及 $d\theta$ 引起的高程及平面误差

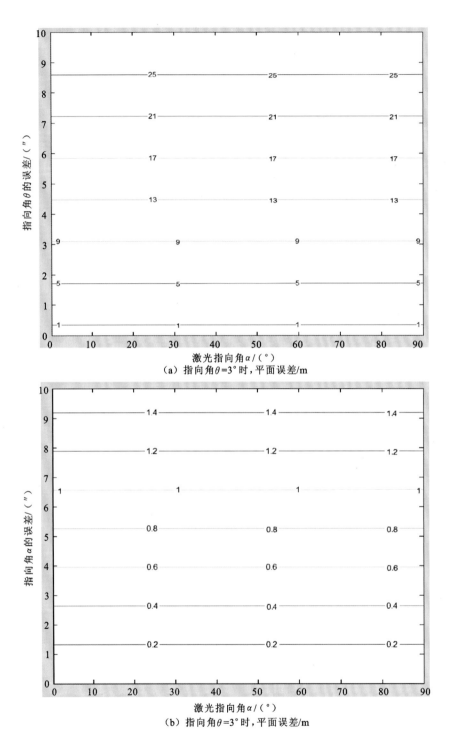

图 3.6　指向角 α 与 dθ 及 dα 引起的平面误差

从图 3.5、图 3.6 可以看出,α 及 dα 对精度的影响相对较弱,但在 dθ 联合影响下,也会随着 dθ 的增大而引起平面误差的线性增大。要保证一定的平面和高程精度,必须对激光指向角 θ 及其误差 dθ 的大小进行控制。如果要达到 0.15 m 的高程精度,则指向角 θ 需小于 3°,激光测量误差 dθ 应优于 1.5″。总而言之,激光的指向角 θ 及其测量误差 dθ 是需要重点关注的误差源。

3. 卫星轨道与姿态测量误差

与光学卫星类似,轨道与姿态测量误差也会对最后激光足印点的几何位置产生影响。前述 2.1.2 小节中已经指出,目前采用高精度双频 GPS 接收机以及 SLR 卫星激光测距技术后,卫星轨道的定轨精度可以达到或优于 5 cm,其中与激光测高精度密切相关的轨道径向精度甚至可优于 3 cm。因此,轨道测量误差暂时不是影响激光足印点几何精度的主要因素。但对时间同步精度需要进行一定约束,目前国产卫星星上时间同步精度基本能做到优于 20 μs,引起的卫星在 XY 方向的位置误差约 0.15 m,Z 向的误差接近于 0,基本可忽略不计。而星地时间同步误差在未来高重频、微脉冲光子计数激光测高卫星时非常重要,以 10 kHz 的重频率为例,要在地面进行相邻点的有效区分,星地时间同步误差应该优于 10 μs。

卫星姿态测量误差引起的激光足印点几何位置偏差可以基本等价于激光指向角测量误差产生的影响。以 GLAS 为例,在 1°坡度的地形条件下,姿态测量或激光指向角 1″的误差将引起 5 cm 的测高误差。

3.3.2　地形起伏引起的误差

当激光脉冲到达地面时,足印内的地形起伏、地表粗糙度等会引起脉冲展宽、信噪比变弱,引起激光测距精度的下降,最终导致测高精度的降低,如图 3.7 所示。同时地形起伏也会引起平面位置产生偏差而造成高程误差,如图 3.8 所示。

因地形起伏引起的高程误差近似为

$$dh = Hd\theta \tan(S+\theta) \tag{3.9}$$

当地形坡度 $S=1°$,600 km 轨道高度时,1″指向误差引起平面偏差约 2.9 m,测距误差约 5 cm,该误差主要由平面位置偏差和坡度共同影响产生,因此,需要尽量减少指向误差导致的平面位置偏差,以此降低因坡度而引起的测高误差。

此外,地形坡度本身会引起脉冲展宽,此时测距精度也会因信噪比变弱而降低。Gardner(1992)对回波波形脉宽与发射波形脉宽、激光发散角、卫星轨道高度等参数的关系进行了定量描述,如式(3.10)所示。

$$\tau_S^2 = \frac{F}{N_S}\tau_f + \left(\frac{F}{N_S} + \frac{1}{2K_S}\right)\frac{4H^2\tan^2 D}{c^2\cos^2\theta}\left(\tan^2 D + \tan^2(\theta+S_X) + \frac{\tan^2 S_Y\cos^2 S_X}{\cos^2(\theta+S_X)}\right) \tag{3.10}$$

其中:τ_S 为回波波形脉宽;τ_f 为发射波形脉宽;F 为探测器噪声系数;N_S 为平均信号光子数;K_S 为散斑信噪比;D 为激光束发散角;θ 为激光天底方向的指向角;H 为轨道高度;c 为光速;S_X、S_Y 分别为沿轨和垂轨方向的地表坡度。如果激光指向角 θ 指向天底点方向

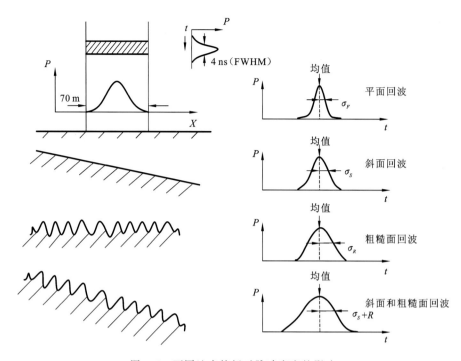

图 3.7　不同地表特征对脉冲宽度的影响

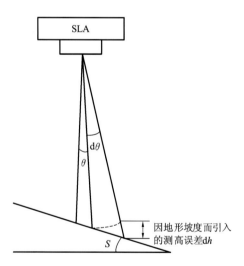

图 3.8　地形起伏引起激光足印点误差示意图

或其数值很小，同时将因探测器噪声、散斑噪声等硬件引起的展宽归为一类，则式（3.10）
可简化为

$$\tau_S = \sqrt{(\tau_h^2 + \tau_f^2) + \frac{4H^2 \tan^2 D}{c^2}(\tan^2 D + \tan^2 S)} \qquad (3.11)$$

其中：τ_h 为硬件引起的波形展宽；S 为地表斜率。

以发射脉宽为 6 ns、卫星轨道高度为 600 km、发散角为 110 μrad 为例，计算不同地形坡度下引起的回波脉冲展宽、信噪比下降后影响测距精度以及叠加激光指向角误差后引起的测高误差,其中激光指向角误差分别按 1.5″和 3″进行了计算,统计结果如表 3.1 所示。

表 3.1　因地形坡度引起回波展宽及高程误差统计表

地形类别	地表斜率 /(°)	回波波形脉宽 /ns	仅因信噪比下降而引起的测距误差/m	叠加激光指向角误差后的测高精度/m	
				1.5″	3″
平地	0	6.00	0.15	0.15	0.15
	1	9.79	0.16	0.23	0.31
丘陵	2	16.53	0.34	0.49	0.65
	5	38.97	1.24	1.62	2.01
	6	46.64	1.63	2.08	2.54
山地	10	77.82	3.50	4.27	5.04
	15	118.05	6.55	7.72	8.88
	25	205.27	15.01	17.04	19.08

如果考虑缩小激光发散角,如 60 μrad,在其他参数不变的情况下,因坡度引起的高程误差统计结果如表 3.2 所示。

表 3.2　调整激光发散角为 60 urad 时高程误差统计表

地形类别	地表斜率 /(°)	回波波形脉宽 /ns	仅因信噪比下降而引起的测距误差/m	叠加激光指向角误差后的测高精度/m	
				1.5″	3″
平地	0	6.00	0.15	0.15	0.15
	1	7.38	0.16	0.18	0.26
丘陵	2	10.36	0.29	0.32	0.48
	5	21.86	0.56	0.90	1.28
	6	25.95	0.67	1.13	1.59
山地	10	42.75	1.24	2.19	2.97
	15	64.60	2.17	3.82	4.99
	25	112.08	4.76	8.09	10.12

由表 3.1 可以直观看出,坡度增加的情况下,激光信噪比会下降进而引起测距误差,同时因激光指向角误差而引起平面偏差,再叠加坡度影响后会明显造成最终的测高误差。硬件测距误差在 0.15 m 的前提下,指向角误差控制在 3″内时平地区域高程精度 0.31 m,丘陵区域高程精度 2.54 m;如果指向角误差进一步控制在 1.5″内,则平地区域高程精度 0.23 m,丘陵区域高程精度 2.08 m。表 3.2 则表明减小激光发散角,在其他条件一定的情况下,如果指向角误差为 1.5″,丘陵区域高程误差可控制在 1.13 m,坡度小于 10°的山地区域高程精度在 2.19 m。

因此,为保证较高的高程测量精度,需要尽量缩小激光发散角。而在激光器性能确定的前提下,严格控制和优化指向角误差是确保不同地形下高程精度的关键。此外,从全波形处理算法的角度,如何进行波形精细化分解,实现信噪比较低情况下仍能保证测距精度也非常值得深入研究。

3.3.3　光行差影响及改正

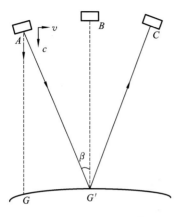

图 3.9　光行差引起的位置误差

光行差是指运动的观测者观察到光的方向与同一时间同一地点静止的观测者观察到的方向存在偏差的现象。卫星激光测高作为一种主动遥感手段,激光脉冲信号需要经卫星到地面再返回进入卫星的接收望远镜,总传输路程为卫星到地面足印点距离的两倍。以图 3.9 光行差引起的位置误差为例,卫星运行到 A 点时向地面近似垂直发射一束激光,激光出射方向 $\overrightarrow{AG}$ 为近天底方向,卫星运行速度为 v,光速为 c,激光束在天球坐标系下的实际运动方向为 $\overrightarrow{AG'}$,卫星位置为 B 点时激光束到达地面的实际位置 G',卫星位置为 C 点时接收到激光回波

信号(Bae et al.,2004)。如果按发射时刻 A 点的卫星姿态和位置计算地面点的位置,则与实际存在位置偏差 $\overrightarrow{GG'}$。假设卫星运行高度为 600 km,按光速计算,激光往返一次总的时间间隔约 4 ms,在该轨道高度卫星运行速度约为 7.56 km/s,则 4 ms 时间间隔内卫星前进的总距离约 30 m。

激光发射方向和实际传输方向的夹角为 β,由光速和卫星运行速度可得

$$\beta = \frac{\left| \boldsymbol{v} \right|}{c} \sin \varphi \qquad (3.12)$$

其中:φ 为卫星运行速度与激光出射方向的夹角。

为了尽量减少因指向角和地形坡度综合影响而引起过大的测距误差,激光出射方向一般为天底点方向,即 $\varphi \approx 90°$。此时,$\beta \approx 5.2''$,$GG' \approx 15$ m。为有效消除光行差引起的位置误差,ICESat 卫星采用激光发射时刻的卫星姿态、激光到达地面时卫星的位置,即采用图 3.9 中卫星在 A 点的卫星姿态和 B 点的轨道位置,解算激光足印在地面的实际位置 G'。

3.4　各类潮汐影响及改正

地表由于受日月引力变化的影响会呈现周期性形变,即所谓的潮汐现象。采用卫星激光测高仪测量地表高程时,潮汐对高程方向的影响最大可达米级,为了达到厘米级的测高精度,必须对激光的测量值进行潮汐改正。卫星激光测高涉及的主要潮汐改正项包括:

地球固体潮、海洋潮汐、海洋负荷潮、长周期海洋平衡潮、长周期海洋非平衡潮以及极潮和大气负荷潮等。各潮汐引起的激光足印点位置变化见表 3.3。

表 3.3　各潮汐引起的激光足印点位置变化(许厚泽,2010)

潮汐改正	量级	现有模型改正误差
固体潮	± 40 cm	± 0.5 cm
海洋潮汐(开阔海域)	± 1 m	± 2 cm
海洋潮汐(近海)	± 2 m	± 10 cm
海洋潮汐(冰架)	± 2 m	—
长周期海洋潮汐	± 1 m	厘米级
海洋潮汐负荷	± 10 cm	< 0.5 cm
极潮	< 2 cm	毫米级

(1) 地球固体潮是由于地球本身近似为一个黏弹性体,受到日月引力的影响,产生一定的固体弹性形变。固体潮对陆地区域激光足印点的高程影响最大,可达 ± 40 cm,在获取陆地地表高程时必须考虑(张捍卫 等,2003)。

(2) 海洋潮汐主要是海水在月球和太阳引潮力的作用下,全球海面产生的周期性涨落运动,在海洋范围必须改正。目前主要通过各类海洋潮汐模型进行改正,现有模型包括全球海潮模型 FES 系列、GOT 系列、DTU 系列、EOT 系列、TPXO 系列等,被测高数据广泛采用的是 FES 系列和 GOT 系列(李大炜 等,2012)。

(3) 海洋负荷潮(海洋潮汐负荷)是由于海洋潮汐的海水质量变化而引起的固体地球形变,在全球范围内都需要改正,但靠近海洋区域较大,远离海洋区域较小,海洋负荷潮可以通过海洋潮汐模型进行计算(许厚泽 等,1988)。

(4) 长周期海洋平衡潮汐和长周期海洋非平衡潮汐,是由于常用海洋潮汐模型仅主要考虑较大影响的半日、全日或 1/4、1/6 等较短周期的分潮,而实际中潮汐还包括很多长周期的分量,故一般会采用几个较大的主要长周期分潮来进行改正(陈晓东 等,2005)。

(5) 极潮是由于地球旋转轴(或极轴)的变化,导致地球离心力位的变化,从而导致地球表面会受到类似潮汐现象的形变,通过极移的变化计算(张保军 等,2016)。

针对潮汐改正,目前大地测量领域已经有了比较完善的方法(许厚泽,2010),在GLAS 的 ATBD(algorithm theoretical basis document)文档中也进行了较为详细的说明[①]。以固体潮改正为例,利用国际地球自转系统 IERS 协议提供的潮汐模型参数,采用式(3.13)的二阶改正模型计算改正值,最终精度可优于 1 cm[②][③]。

[①] 引自:FRICHER H A,RIDGWAY J R,MINSTER J B,et al.,2012. The Algorithm Theretical Basis Document for Tidal Corrections. NASA,Goddard Space Flight Center,Maryland 20771.

[②] 引自:PETIT G,LUZUM B,AL E,2010. IERS Conventions(2010). IERS Technical Note,36:1-95.

[③] 引自:PHILLIPS H A,RIDGWAY J R,MINSTER J B,1999. Tidal Corrections:Geoscience Laser Altimeter System(GLAS) Algorithm Theoretical Basis Document,Version 2.0.

$$\Delta \boldsymbol{P} = \sum_{j=2}^{3} \frac{\mathrm{GM}_j R_e^4}{\mathrm{GM}_\oplus R_j^3} \left\{ h_2 \boldsymbol{P} \left(\frac{3(\hat{\boldsymbol{R}}_j \cdot \boldsymbol{P})^2 - 1}{2} \right) + 3 l_2 (\hat{\boldsymbol{R}}_j \cdot \boldsymbol{P}) \left[\hat{\boldsymbol{R}}_j - (\hat{\boldsymbol{R}}_j \cdot \boldsymbol{P}) \boldsymbol{P} \right] \right\} \quad (3.13)$$

其中：$\Delta \boldsymbol{P}$ 为激光足印点因潮汐引起的位移矢量；h_2、l_2 为地球横向弹性系数（Love 数）和径向弹性系数（Shida 数）的标称值；GM_j 为月心（$j=2$）和日心（$j=3$）引力常数；$\mathrm{GM}_\oplus$ 为地心引力常数；$\hat{\boldsymbol{R}}_j$ 和 R_j 分别为地心至月球（$j=2$）或太阳（$j=3$）的单位矢量和矢量的模；R_e 为地球赤道半径；$\boldsymbol{P}$ 和 P 分别为地心至激光足印点的单位矢量和矢量的模，相关的矢量均与时间和地面点的经纬度位置有关。

图 3.10 为某一时刻全球范围内的固体潮分布示意图，图中红色代表固体潮改正值为负，即地壳向外突起，蓝色代表固体潮改正值为正，即地壳向内压缩，颜色越亮代表固体潮改正值绝对值越大。

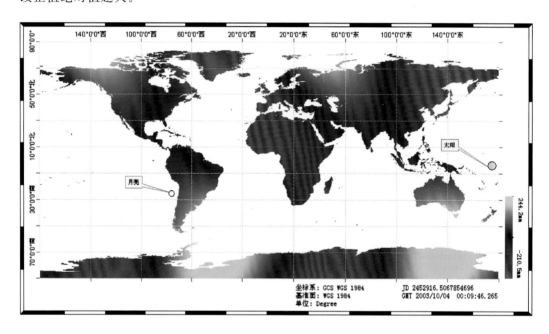

图 3.10　某一时刻的全球固体潮大小分布示意图

3.5　大气折射对激光的影响及改正

除了 3.3 节中所提及的硬件误差、地形起伏引起的误差以及光行差外，激光在往返大气层的过程中，因大气折射的影响使得激光在平面和距离方向都会产生偏移。本节将主要从折射率的严密公式着手，对大气折射引起的激光足印点平面位置偏差以及距离延迟进行定量分析。

3.5.1　大气折射率的计算

大气折射率 n 主要与高度、大气成分、压力、温度等参数有关，能精确反映大气对激光传输路径的偏折程度。为了有效进行大气折射的计算,引入大气折射率差 $n(h)-1$,它的量级通常为百万分之一,即 $n(h)-1=10^{-6}N(h)$,大气折射率差函数模型最先由 Elden (1953) 提出,在不断修正后被国际大地测量与地球物理学会 (International Union of Geodesy and Geophysics,IUGG) 作为标准,从 1999 年开始推荐使用。对于波长为 λ 的光,折射率差 $N(h)$ 的计算公式为

$$N(h)=k_1(\lambda)\frac{P_d}{T}Z_d^{-1}+k_2(\lambda)\frac{P_w}{T}Z_w^{-1} \tag{3.14}$$

式中

$$\begin{cases} k_1(\lambda)=164.638\ 6\ \dfrac{(238.018\ 5+\lambda^{-2})}{(238.018\ 5-\lambda^{-2})^2}+4.772\ 99\ \dfrac{(57.362+\lambda^{-2})}{(57.362-\lambda^{-2})^2} \\ k_2(\lambda)=0.648\ 731+0.017\ 417\ 4\lambda^{-2}+3.557\ 5\times10^{-4}\lambda^{-4}+6.195\ 7\times10^{-5}\lambda^{-6} \end{cases}$$

其中:$k_1(\lambda)$、$k_2(\lambda)$ 为与激光波长 λ 有关的经验函数,K/Pa;λ 为激光波长,μm;对于波长为 1.064 μm 的激光来说,可计算得 $k_1=0.786\ 606\ 974$,$k_2=0.664\ 397\ 935$;P_d 和 P_w 分别为干空气分压和水汽分压,Pa;T 为温度,K;Z_d 和 Z_w 分别为干空气、水汽的压缩率。

从式 (3.14) 可以看出,如果要计算折射率差,则需要知道干空气和水汽的分压、压缩率以及温度,水汽分压 P_w 通过饱和水汽压和空气相对湿度可以计算出来,但干空气分压 P_d 是不能直接获得的,此时需要通过非理想气体状态方程进行间接求解。非理想气体状态方程可描述为

$$\rho_i=\frac{P_i M_i}{T}\frac{1}{R}Z_i^{-1} \tag{3.15}$$

其中:ρ_i 为气体密度;M_i 为分子的量;R 为气体常数。

对于非理想气体状态方程式 (3.15),如果将空气分为干空气 d 和水汽 w 两部分,即 $m=m_w+m_d$,$\rho=m/V$,则非理想气体状态下的空气密度可表示为

$$\rho=\frac{1}{RT}[(P-P_w)M_d Z_d^{-1}+P_w M_w Z_w^{-1}] \tag{3.16}$$

采用流体静力学方程描述大气密度与海拔高度相关式为

$$\rho(h)=-\frac{1}{g(h)}\frac{dP}{dh} \tag{3.17}$$

其中:P 为压强;h 为几何高;$g(h)$ 为重力加速度;ρ 为密度。

而在大气相关参数的计算过程中,一般采用位势高度 H。位势高度 H(geo-potential height)是气象学中一种假想高度,与几何高度在数值上虽比较接近,它们的物理性质则完全不同。在重力场中任一高度上,单位质量空气相对于海平面所具有的位能所表征的高度称为重力位势高度,简称位势高度。位势高度通常以位势米为单位,并等于上述位能的 $\frac{1}{g_0}$。

位势高度 H 的数学描述为

$$H=\frac{1}{g_0}\int_0^h g(h)dh \tag{3.18}$$

其中：$g_0 = 9.806\ 65\ \text{m/s}^2$。

对式(3.18)求导之后，方程变为

$$\text{d}H = \frac{g(h)\text{d}h}{g_0} \tag{3.19}$$

将式(3.19)与式(3.17)进行综合，可得

$$\text{d}P = = -g_0 \rho(h)\text{d}H \tag{3.20}$$

假设地球是个规则的球体，重力值与距离的平方成反比，则有

$$g = g_{\text{msl}}\left[\frac{R^2}{(R+h)^2}\right] \tag{3.21}$$

其中：$R = 6\ 371\ 009\ \text{m}$，为地球半径的平均半径值；$g_{\text{msl}}$ 为平均海平面的重力加速度：

$$g_{\text{msl}} = g_{\text{eq}}(1 + k\sin^2\phi)/\sqrt{(1 - e^2\sin^2\phi)} \tag{3.22}$$

其中：$g_{\text{eq}} = 9.780\ 326\ 771\ \text{m/s}^2$；$k = 0.001\ 931\ 851\ 353$；$e^2 = 0.006\ 694\ 380\ 022\ 90$；$\phi$ 为纬度。

将式(3.21)代入式(3.18)，有

$$\begin{aligned} H &= \frac{g_{\text{msl}}R^2}{g_0}\int_0^h \frac{1}{(R+h)^2}\text{d}h \\ &= -\frac{g_{\text{msl}}R^2}{g_0}\left(\frac{1}{R} - \frac{1}{R+h}\right) \\ &= \frac{g_{\text{msl}}}{g_0}\frac{Rh}{R+h} \end{aligned} \tag{3.23}$$

综合式(3.22)和式(3.23)，即可通过几何高 h、纬度 ϕ 计算该处的位势高度 H，而式(3.20)表明，气压 P 是位势高度 H 的函数。根据经验公式（Owens，1967），式(3.16)中的干空气、水汽的压缩率 Z_d 和 Z_w，也可以描述为气压 P、水汽压力 P_w 以及温度 T 的函数，如式(3.24)所示。

$$\begin{cases} Z_\text{d}^{-1} = 1 + (P - P_\text{w})\left[57.90\times10^{-8}\left(1 + \frac{0.52}{T}\right) - 9.461\ 1\times10^{-4}\frac{(T - 273.15)}{T^2}\right] \\ Z_\text{w}^{-1} = 1 + 1\ 650\frac{P_\text{w}}{T^3}[1 - 0.013\ 17(T - 273.15) + 1.75\times10^{-4}(T - 273.15)^2 \\ \qquad\qquad + 1.44\times10^{-6}(T - 273.15)^3] \end{cases} \tag{3.24}$$

而水汽压 P_w 可用空气相对湿度乘以饱和水汽压力表示，即

$$P_\text{w} = R_\text{h} \cdot P_\text{s} \tag{3.25}$$

其中：R_h 为空气相对湿度；P_s 为饱和水汽压力；R_h 的值介于 0～1，可以从气象参数中直接获得。而 P_s 与温度 T 有关，任意温度下的饱和水汽压力可根据 McGarry 的理论，采用切比雪夫多项式计算而来（McGarry，1983），表达式如下：

$$T\ln\frac{P_\text{s}}{P_\text{b}} = \frac{a_0}{2} + \sum_{s=1}^n a_s E_s(x) \tag{3.26}$$

其中：P_s 为温度 T 时的饱和水汽压力；$P_\text{b} = 1\ 000\ \text{Pa}$；$E_s(x)$ 为切比雪夫多项式：

$$\begin{cases} E_0(x)=1 \\ E_1(x)=x \\ E_{s+1}(x)=2xE_s(x)-E_{s-1}(x) \\ x=\dfrac{2T-(T_{max}+T_{min})}{T_{max}-T_{min}} \end{cases} \tag{3.27}$$

根据 Ambrose 给出的参考值[①]，式(3.26)中的系数 $a_s(s=0,1,\cdots,10)$ 的具体形式为 $a_s=\{2\,794.027,1\,430.604,-18.234,7.674,-0.022,0.263,0.146,0.055,0.033,0.015,0.013\}$，$T_{max}=648K$，$T_{min}=273K$。

将式(3.26)的右边乘以 $\dfrac{1}{T}$，令

$$C(T)=\frac{1}{T}\left(\frac{a_0}{2}+\sum_{s=1}^{n}a_sE_s(x)\right) \tag{3.28}$$

则联合式(3.26)和式(3.28)，可得

$$P_s=P_b10^{C(T)} \tag{3.29}$$

联合式(3.25)和式(3.29)，可得

$$P_w=R_h\cdot P_b10^{C(T)} \tag{3.30}$$

由式(3.20)、式(3.24)、式(3.25)、式(3.30)可以看出，气压 P、压缩率 Z_d 和 Z_w 以及水汽压 P_w 均为与位势高度相关的函数，将式(3.16)与式(3.20)组合后，可以得到隐含数 $f(H,P)$，如式(3.31)所示。

$$f(H,P)=\frac{\mathrm{d}P}{\mathrm{d}H}=-\frac{g_0}{RT}\{[P-P_w(H)]M_dZ_d^{-1}(H,P)+P_w(H)M_wZ_w^{-1}(H)\} \tag{3.31}$$

式(3.31)属于一阶非线性的常微分方程，可以采用四阶 Runge-Kutta 公式进行计算数值积分计算(李庆扬，2008)，如下：

$$\begin{cases} k_1=l\cdot f(H_i,P_i) \\ k_2=l\cdot f\left(H_i+\dfrac{l}{2},P_i+\dfrac{k_1}{2}\right) \\ k_3=l\cdot f\left(H_i+\dfrac{l}{2},P_i+\dfrac{k_2}{2}\right) \\ k_4=l\cdot f(H_i+l,P_i+k_3) \\ P_{i+1}=P_i+\dfrac{k_1}{6}+\dfrac{k_2}{3}+\dfrac{k_3}{3}+\dfrac{k_4}{6}+O(l^5) \end{cases} \tag{3.32}$$

其中：l 为积分步距；P_{i+1} 为 $H_{i+1}=H_i+l$ 处的气压值。给定位势高度和相邻的两个标准大气参数层，采用四阶 Runge-Kutta 从上层往下积分直至该位势高度，得到该位势高度的大气压力值，步距可采用位势高度差的千分之一。

综上所示，对于给定的海拔高度 h，可以根据式(3.23)计算出位势高度 H，根据位势高度可以计算出温度 T、相对湿度 R_h 和水汽压 P_w，进而求解出该高度处的气压值 P、压缩率 Z_d 和 Z_w，然后根据式(3.14)计算出大气折射率差 $N(h)$，最终得到海拔高度 h 处的

---

① 引自：HERRING T A，QUINN K J，2012. The Algorithm Theoretical Basis Document fer the Atmospheric Delay Correetion to GLAS Laser Altimeter Ranges，NASA.

大气折射率 $n(h)$，整个过程为根据非理想状态气体方程计算折射率的严密计算方法。

3.5.2　平面偏移改正

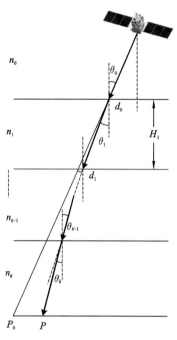

图 3.11　大气折射引起的
激光平面位置偏移示意图

激光在穿过大气层的过程中，由于受大气折射的影响，最终的地面足印点位置与原始指向直线传播的位置会存在一定偏差，如图 3.11 所示。如果按激光指向角直线传播，最终地面足印点应该在 P_0 点，而因大气折射导致地面足印点实际位置在 P 点。严明等（2015）针对大气折射对光学卫星影像的几何位置偏差，采用光线跟踪几何算法进行计算，结果表明偏差值随着卫星观测角的增大而非线性迅速增大。文章指出，当卫星运行在 650 km 的太阳同步轨道，侧视 30° 成像时，大气折射产生约 2.5 m 的几何偏差；卫星侧视 45° 成像时，大气折射产生约 9 m 的几何偏差。虽然激光的指向角一般很小，不会存在大角度侧摆，但由于大气对不同波长光的折射率不同，大气对激光的位置偏差需要定量分析才能判断是否需要进行改正。

以图 3.11 为例，根据折射定律，可得

$$\frac{n_0}{n_1} = \frac{\sin \theta_1}{\sin \theta_0} \tag{3.33}$$

即

$$\sin \theta_1 = \frac{\sin \theta_0\, n_0}{n_1} \tag{3.34}$$

假设第一层大气分层高度为 H_1，则水平方向偏移量为

$$\begin{aligned} d_1 &= H_1 (\tan \theta_0 - \tan \theta_1) \\ &= H_1 \left(\tan \theta_0 - \tan \left(\arcsin \frac{\sin \theta_0\, n_0}{n_1} \right) \right) \end{aligned} \tag{3.35}$$

依次类推，第 k 层大气的水平偏移量为

$$d_k = H_k \left(\tan \theta_{k-1} - \tan \left(\arcsin \frac{\sin \theta_{k-1}\, n_{k-1}}{n_k} \right) \right) \tag{3.36}$$

由于大气折射的原因，P 相对于 P_0 移动了距离 PP_0：

$$\begin{aligned} PP_0 &= d_1 + d_2 + \cdots\cdots + d_k \\ &= \sum_{i=1}^{k} H_i \left(\tan \theta_{i-1} - \tan \left(\arcsin \frac{\sin \theta_{i-1}\, n_{i-1}}{n_i} \right) \right) \end{aligned} \tag{3.37}$$

其中：大气上界的折射率 $n_0 = 1$；θ_0 为激光束发射时与天底方向的夹角。式（3.37）的计算关键因素在于不同高度时大气折射率的确定，根据 3.5.1 小节的内容可以精确计算出不同高度处的大气折射率。

在 GLAS 大气改正的 ATBD 报告中指出[①]：如图 3.12(a)所示，激光发射时的高度角为 ε_1，即光线指向角为 $\alpha_1 = 90° - \varepsilon_1$。但受大气折射影响，实际光线的路线为图中的虚线部分，地面点为 P_2，此时高度角为 ε_2，激光指向角 $\alpha_2 = 90° - \varepsilon_2$，指向角误差 $\delta\alpha = \alpha_2 - \alpha_1$。当指向角小于 75°时，指向角误差可简单近似为

$$\delta\alpha = 0.004\,52°P\tan\alpha_2/(273 + T) \tag{3.38}$$

其中：T 是温度，单位为℃；P 是地表大气压强，单位为 hPa。采用标准大气参数值：温度 15 ℃，压强 1 013 hPa，则指向角误差

$$\delta\alpha = 0.016°\tan\alpha_2 = 57.6''\tan\alpha_2 \tag{3.39}$$

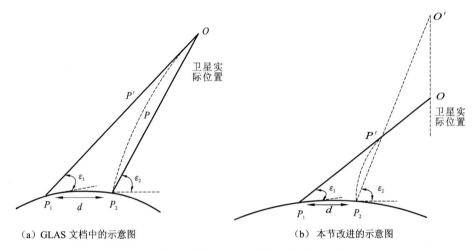

（a）GLAS 文档中的示意图　　　　　（b）本节改进的示意图

图 3.12　大气折射引起的激光平面偏移光路示意图

GLAS 文档进一步指出，按式(3.39)，当激光测高卫星轨道高度 600 km，如果指向角为 10°，指向误差 $\delta\alpha$ 约 10″，地面偏移距离约 30 m；如果指向角为 1°，则指向误差约 1″，地面偏移距离约 3.0 m，该结论与其他相关文献的结论不符（严明 等，2015；Noerdlinger，1999）。

经分析发现，GLAS 的大气改正文档中对平面位置偏移分析存在一点小错误，根本原因在于 GLAS 文档中采用的是从地面到卫星的分析过程，类似于卫星激光测距 SLR 的分析方法。如图 3.12(a)所示，激光的实际落点在 P_2，高度角确实为 ε_2，指向角误差也确实为 $\delta\alpha = \alpha_2 - \alpha_1$，但该角度指的是从地面观察卫星时的高度角偏差，该角度偏差在天文测量中称为"蒙气差"。最典型的蒙气差现象是当太阳还在地平线以下时，人们可以提前看到太阳已经升起，如图 3.12(b)所示，站在 P_2 以高度角 ε_2 向上直线观察，默认的光线直线传输路径为 $P_2P'O'$，会认为卫星在 O' 点，比实际位置 O 高。在图 3.12(a)中光线 OP_2 作了错误的引导。GLAS 的这个问题的另一个解释是 $\delta\alpha$ 确实存在，但计算平面偏移时不能直接用卫星轨道高度，而应该是大气的实际厚度，实际的大气厚度一般在 50 km 左右，50 km 以上基本非常稀薄，光线可认为是直线传播。对应图 3.12(b)中为 $\angle P_1P'P_2 =$

[①] 引自：HERRING T A，QUINN K J，2012. The Algorithm Theoretical Basis Document for the Atmospheric Delay Correction to GLAS Laser Altimeter Ranges. NASA.

$\delta\alpha=\alpha_2-\alpha_1$,$P'$点为大气厚度的顶层,从$O$到$P'$光线直线传播,$P'$到$P_2$因大气折射而发生平面位置偏移。这在图3.11中也能得到印证,P点与卫星连线的夹角实际小于P点高度角$90-\theta_k$。

本节进一步采用3.5.1小节中大气折射率的严密求解公式和式(3.37)进行了平面偏差的计算分析,同时采用图3.11中$\theta_k-\theta_0$计算蒙气差引起的角度差$\delta\alpha$,并与文献(严明等,2015)及GLAS的计算公式(3.39)进行了对比分析,统计结果如表3.4所示。

表 3.4 大气折射引起的蒙气差角度及偏移量对比结果

| 天底角 | 蒙气差对应的角度差/(″) | | | 平面偏移量/m | | |
	本节结果	GLAS方法	差值	本节结果	文献方法（严明 等,2015）	差值
1°	0.965	1.005	−0.040	0.033	0.054	−0.021
2°	1.931	2.011	−0.080	0.067	0.108	−0.041
3°	2.898	3.018	−0.120	0.100	0.163	−0.063
5°	4.839	5.038	−0.199	0.168	0.274	−0.106
7°	6.791	7.070	−0.279	0.237	0.388	−0.151
10°	9.752	10.154	−0.402	0.346	0.569	−0.223
15°	14.819	15.429	−0.610	0.547	0.910	−0.363

从表3.4可以看出,本节计算的结果与GLAS计算文档中计算的角度差在数值上基本一致,即10°的激光指向角时,角度差约为10″,两种结果相差约0.402″。而在计算平面位置偏移量时,并与文献(严明 等,2015;Noerdlinger,1999)的结果也相当,虽然会随着指向角的变大而增加,但绝对值很小,对于几十米的激光足印点来说,基本可以忽略不计。相关结论也直接说明,大气折射引起的激光足印点平面位置偏差在指向角较小时基本可以不予考虑。但从3.2节的分析可知,指向角大于3°后,随着指向角误差的增大高程误差会显著增加,因此,建议激光测高仪摆动时指向角应不超过3°,以保证较高的测高精度。

3.5.3 距离延迟改正

因大气折射率变化而引起的激光距离延迟值ΔL可描述为

$$\Delta L = \int_h n(h)\mathrm{d}h - \int_h \mathrm{d}h \tag{3.40}$$

其中:第一项为激光束因大气折射从卫星到地面的实际路径;第二项为没有大气影响时从卫星到地面直线传播的路径。$n(h)$为沿实际路径传播时大气的折射率。当激光发射方向不是严格垂直向下时,一般采用沿天底方向的大气延迟改正值乘以映射函数的形式计算实际的改正值

$$\Delta L = m(\varepsilon,P)\int_h (n(h)-1)\mathrm{d}s \tag{3.41}$$

其中:$m(\varepsilon,P)$为与高度角ε及气象参数向量P有关的映射函数;$\int_h (n(h)-1)\mathrm{d}s$为激光沿

天底方向从高程为 h 的地面点到卫星位置的大气延迟改正值 ΔL_N。

对于映射函数 $m(\varepsilon, P)$，Marini（1975）曾基于球面对称提出了连分式模型，如式（3.42）所示。

$$m(\varepsilon) = \cfrac{1}{\sin\varepsilon + \cfrac{a}{\sin\varepsilon + \cfrac{b}{\sin\varepsilon + \cfrac{c}{\sin\varepsilon + \cdots}}}} \tag{3.42}$$

其中：a，b，c 均为待定常数，当高度角接近 $90°$ 时，即指向角接近 0 时，a，b，c 等参数远小于 1，可以用式（3.43）进行近似表达。

$$m(\varepsilon) = \frac{1}{\sin\varepsilon} \tag{3.43}$$

另外两种映射函数分别是 CfA2.2（Davis et al.，1985）和 Niell 模型（Niell，1996），Herring 等[1]对 Marini 的近似表达式（3.43）与 CfA2.2 和 Niell 模型进行了对比分析，结果表明：在激光指向角小于 $10°$ 的情况下，Marini 简化模型与 CfA2.2 和 Niell 模型计算出的大气延迟改正值差分别小于 0.5 mm 和 0.1 mm，即 Marini 简化模型 $m(\varepsilon) = \dfrac{1}{\sin\varepsilon}$ 可以作为激光指向角小于 $10°$ 时的映射函数直接使用。

根据 3.5.1 小节计算出不同高度处的大气折射率，理论上按式（3.41）通过积分的方式获得大气延迟改正值，但计算量非常大。GLAS 的 ATBD 文档依据式（3.14）和式（3.15），将大气折射率差 $N(h)$ 表示为式（3.44），并将天底点方向的延迟量分为干项延迟 ΔL_H 和湿项延迟 ΔL_W。

$$
\begin{aligned}
N(h) &= k_1 \frac{P_\mathrm{d}}{T} Z_\mathrm{d}^{-1} + k_2 \frac{P_\mathrm{w}}{T} Z_\mathrm{w}^{-1} \\
&= k_1 \rho_\mathrm{d} \frac{R}{M_\mathrm{d}} + k_2 \rho_\mathrm{w} \frac{R}{M_\mathrm{w}} \\
&= k_1 \frac{R}{M_\mathrm{d}} \rho + \left(k_2 - k_1 \frac{M_\mathrm{w}}{M_\mathrm{d}} \right) \frac{R}{M_\mathrm{w}} \rho_\mathrm{w}
\end{aligned} \tag{3.44}
$$

其中：M_d、M_w 分别为干空气和湿空气分子的量；ρ、ρ_d、ρ_w 分别为空气总密度、干空气密度和湿空气密度；k_1、k_2 为按（3.14）计算出的系数；R 为气体常数。

结合式（3.17）以及 10^{-6} 的折射率系数，天底点方向的干项延迟量 ΔL_H 和湿项延迟量 ΔL_W 分别为式（3.44）第一部分和第二部分的积分结果。

$$
\begin{cases}
\Delta L_H = 10^{-6} k_1 \dfrac{R}{M_\mathrm{d}} g_\mathrm{m}^{-1} \displaystyle\int_h \frac{\mathrm{d}P}{\mathrm{d}h} \mathrm{d}h \\
\Delta L_W = 10^{-6} \left(k_2 - k_1 \dfrac{M_\mathrm{w}}{M_\mathrm{d}} \right) \dfrac{R}{M_\mathrm{w}} \displaystyle\int_h \rho_\mathrm{w} \mathrm{d}h
\end{cases} \tag{3.45}
$$

其中：g_m 为大气中平均重力加速度值，由于重力加速度随高度缓慢减小、随纬度也有微小变化，可近似用于纬度 φ 和高度 h 相关的简单函数表示 g_m（Saastamoinen，1972）。

---

① 引自：HERRING T A，QUINN K J，2012. The Algorithm Theoretical Basis Document for the Atmospheric Delay Correction to GLAS Laser Altimeter Ranges. NASA.

$$g_m = 9.086\,2 \times [1 - 0.002\,65\cos 2\varphi - 3.1 \times 10^{-7}(0.9h + 7\,300)] \tag{3.46}$$

由于式(3.45)中的积分项 $\int_h \dfrac{\mathrm{d}P}{\mathrm{d}h}\mathrm{d}h$ 可理解为高程 h 处的表面气压,$\int_h \rho_w \mathrm{d}h$ 为总的可降水量,天底方向的延迟可表达为

$$\begin{cases} \Delta L_H = 10^{-6}k_1\dfrac{R}{M_d}g_m^{-1}P \\[3mm] \Delta L_W = 10^{-6}\left(k_2 - k_1\dfrac{M_w}{M_d}\right)\dfrac{R}{M_w}P_w \end{cases} \tag{3.47}$$

其中:P 为地表气压值,根据式(3.31)可计算获得;P_w 为总的可降水量,可从大气参数中获得。

本节结合 3.5.1 小节中对大气参数的数值求解方法,借鉴 GLAS 的计算思路,将大气折射引起的激光距离延迟改正的流程总结如图 3.13 所示。因为激光足印点高程一般为大地高,而大气参数数值求解过程需要用位势高,因此流程图中增加了对高程类型的判断。

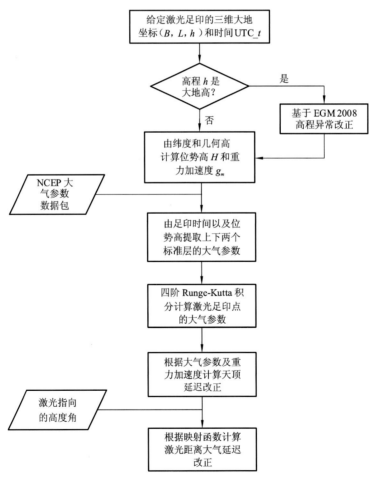

图 3.13　大气折射激光距离延迟改正示意图

此外,激光器发出的红外激光脉冲,在大气传输过程时可能因气溶胶、云雾等产生衰减效应,可用消光系数 u 来描述大气衰减能力。在不同波段上,大气的消光能力也不相同,如表 3.5 所示。

表 3.5　8～12 μm 波长的红外波段激光大气消光系数　　　　　　（单位:km）

气象条件	消光系数	气象条件	消光系数
晴朗干燥	0.050	小雨	0.360
晴朗	0.080	小雪	0.510
薄雾	0.105	中雨	0.690
轻雾	1.900	大雨	1.390
中雾	3.500	大雪	9.200

由大气衰减造成的红外波段大气透过率 γ 计算如下（Accetta et al.,1993）:

$$\gamma = e^{-uR} \tag{3.48}$$

式中:u 为消光系数;R 为大气中传输距离。

透过率会影响激光脉冲能量大小,进而影响接收回波信号的信噪比,最后影响测距精度,从表 3.5 可以看出,激光只有在晴朗干燥条件下,才有比较好的大气透过率,恶劣天气时测距精度会有较大影响。因此,为了提取出高精度的高程控制点,一般需要考虑天气的影响。

第4章 卫星激光测高全波形数据模拟与处理

全波形回波数据是星载大光斑激光测高仪的核心数据之一。它包含了与发射波形相互作用的大气、地形、地物等信息,特别是光斑内的地形对回波波形的形状起着决定性的作用,反之也可以通过回波波形一定程度上反演地形信息,这也是波形数据处理的重要价值所在。本章将从卫星激光测高仪在轨回波模拟仿真与分析入手,对国内外相关的研究现状进行总结梳理,并提出在轨回波模拟仿真方法,同时介绍常用的全波形数据处理算法。

4.1 国内外研究现状

在全波形数据模拟仿真方面,Gardner(1982)根据菲涅尔衍射原理,建立了大光斑激光回波模型,并对地形与回波能量、传输时间延迟及均方根脉宽的关系进行了理论推导。Bufton(1989)综合考虑卫星平台、大气、信噪比及地形等因素建立了激光雷达方程,是目前全波形仿真的理论基础。赵楠翔(2003)、李松等(2007)根据菲涅尔衍射理论和Gardner 的理论,推导了高斯型激光脉冲的回波信号理论模型,并模拟了不同地形下的回波波形。周辉等(2006)采用网格划分的方法将目标模型离散化,基于激光雷达方程推导了目标响应函数的理论模型,把回波信号看作是发射脉冲与目标响应函数的卷积。李骥(2007)基于激光雷达方程,利用狄洛尼三角网表达地形信息,并通过实验室的实测回波对波形仿真的结果进行验证。庞勇等(2006a)研究了林分空间格局对回波波形的影响。Yadav(2010)对 ICESat/GLAS 在复杂地形条件下的回波波形进行了模拟仿真研究,并与实际波形进行对比验证。马跃(2013)研究了大光斑卫星激光测高仪在海洋表面的回波模型。

围绕激光全波形数据处理,国内外学者开展了大量的研究工作,其中 Drake 等(2002)采用基于最小二乘法的高斯分解对星载激光波形数据进行波形拟合;庞勇等(2006b)对星载激光波形数据进行了分析,并对全波形数据在林业中的应用、地形对大光斑激光波形影响进行了探讨;Wagner 等(2006)采用高斯分解方法提取机载小光斑全波形数据的峰值信息;马洪超等(2009)采用 EM(expectation-maximization)算法进行小光斑激光波形数据的高斯混合模型参数的最大似然估计。邢艳秋等(2009)以长白山林区为例,利用 ICESat/GLAS 提供的完整波形数据,在不同地形坡度范围内,以激光波形长度和地形指数为变量建立森林冠层高度反演模型。刘峰等(2010)通过研究激光波形数据高斯函数分解的理论基础,提出广义高斯函数模型提取脉冲波形重要参数的方法。同时由于地物组成的复杂性,可能导致回波信号不完全符合高斯分解,有学者发展了非高斯分解法。

Duong(2010)对 ICESat/GLAS 大光斑激光全波形数据处理方法及在地表覆盖分类等方面的应用进行了论述；Wang 等(2013)提出一种基于离散小波对星载 GLAS 数据进行波形分解的算法，并对 GLAS 波形数据处理流程进行了总结。此外，Zhu 等(2010)提出采用反卷积的方法移除后向散射回波波形发射脉冲的影响，并提出相应的波形分解的方法。Roncat 等(2011)结合 B 样条针对反卷积的局限性得到改进后的线性反卷积方法。李鹏程等(2015)提出一种全局收敛 LM(Levenberg-Marquardt)的激光雷达波形数据分解方法，利用迭代的波峰检测策略实现复杂重叠波形分量的逐步分解。李增元等(2016,2015)对全波形激光雷达反演森林参数的技术方法以及研究进展进行了较系统的描述，采用的卫星激光全波形数据主要来自美国的 GLAS 激光测高系统。卢学辉等(2017)设计了一种基于粒子群-最小二乘法的 GLAS 波形分解及树高反演方法，采用该方法对贡嘎山地区和茂县山区坡度小于 10°的 GLAS 激光点波形进行了高斯分解和树高反演工作，拟合波形与原始波形吻合良好。

在数据质量评价方面，Harding(2005)从数据强度饱和方面对 GLAS 波形数据进行质量评估；Lefsky(2007)从信噪比方面对 GLAS 数据进行质量评估；Nie 等(2014)提出了一种基于信噪比的波形数据质量评价方法。李国元等(2017a)在综合前人研究基础上，对 GLAS 高程控制数据质量提出了几个可供选择的参数，包括：云量、姿态质量、地表反射率、回波波形脉宽等。

4.2　在轨回波模拟仿真

卫星激光测高仪通过激光发射器向地面发射激光脉冲，经由大气传输和地表反射，再穿过大气返回到星上的激光接收系统，接收系统通过光电转换、数字化、波形采样等过程得到激光回波的波形数据。回波波形中既包含了地物高程信息，也包含了光斑内的地形和地物特征，是大光斑激光测高仪获取的核心数据，也是开展激光测高数据应用的基础。

4.2.1　激光雷达方程

激光雷达方程提供了激光回波信号与被探测物的光学性质之间的函数关系，可以表达为满足一定时空分布规律的发射激光脉冲与大气、地表作用后，返回到接收系统中的激光能量方程。其中发射激光脉冲的时空分布在 2.1 节进行了相关介绍，大气会造成激光能量衰减，不同地物对激光能量的反射率会有所不同，地形则会影响回波返回的时间和波形展宽及形状。

1. 大气传输

卫星激光测高仪发射的激光脉冲在传输过程中，受到大气传输特性的影响，激光大气传输效应主要包括大气衰减、大气湍流、大气折射及非线性光学效应等。其中，大气衰减是由于大气分子、气溶胶的吸收、散射造成的能量衰减,是影响回波能量的主要因素之一。对于激光测高系统的回波波形仿真,主要考虑大气的吸收和散射所造成的能量衰减。

激光大气传输的衰减系数与激光的波长及传输路径的大气分布有关,可以表示为

$$\mu(\lambda,r)=A_m(\lambda,r)+A_n(\lambda,r)+S_m(\lambda,r)+S_n(\lambda,r) \tag{4.1}$$

其中:λ 为激光波长;r 为激光传输距离;$\mu(\lambda,r)$ 为距离 r 处的总大气衰减系数;$A(\lambda,r)$、$S(\lambda,r)$ 分别为大气分子的吸收系数和散射系数;下标 m、n 分别对应大气分子和气溶胶。

经大气衰减后的激光辐射量与入射总辐射量的比值,称为大气透过率,如式(4.2)所示,大气衰减通常用大气透过率来度量。

$$\tau(\lambda) = \exp\left(-\sec\theta\int_0^z \mu(\lambda,r)\mathrm{d}r\right) \tag{4.2}$$

其中:$\tau(\lambda)$ 为单程传输路径上总的透过率;θ 为激光传输的天顶角;Z 为激光传输的垂直高度。

2. 朗伯体散射

激光经地面目标散射,仅有微弱的能量被反射进入接收望远镜的视场。一般将目标视为漫反射体,反射的能量取决于目标的反射率和激光的波长。理想的漫反射体,又称为朗伯体,其在各个方向上的辐射亮度是恒定不变的,且单位表面积向空间某方向单位立体角反射的辐射功率和该方向与表面法线夹角的余弦成正比,这个规律就称为朗伯余弦定律。在实际应用中,并不存在理想的漫反射体,因此,认为当观测方向相对于朗伯体表面法线方向的夹角小于 60° 时,遵循朗伯余弦定律。朗伯体散射示意见图 4.1。

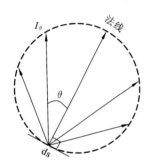

图 4.1　朗伯体散射示意图

目标近似为朗伯体时,设反射率为 ρ,激光束入射功率为 p,则目标单位面元向空间反射的全部功率为

$$p' = p\mathrm{d}s \cdot \rho \tag{4.3}$$

根据朗伯余弦定理,与法线夹角为 θ 的方向上反射的激光强度为

$$I_\theta = \frac{p'}{\pi} \cdot \cos\theta \tag{4.4}$$

足印内单位面元 $\mathrm{d}s$ 反射并进入 I_θ 方向上的立体角 $\mathrm{d}\Omega$ 内的激光功率为

$$p_\theta = I_\theta \cdot \mathrm{d}\Omega = \rho p\mathrm{d}s\mathrm{d}\Omega \tag{4.5}$$

不同地物由于化学和物理构成各不相同,具有不同的反射和辐射光谱特性,地物的光谱特性是卫星遥感的基础。目标的反射特性用反射率来衡量,即地物对某一波段的反射能量与入射能量之比,又称反射系数或亮度系数。反射率的大小受入射电磁波的波长、入射角度、地表的化学及结构特征(例如粗糙度)的影响,对于某一波段的电磁波而言,则主

要与地物特性及入射角度有关。激光雷达常用的电磁波是近红外波段,波长 1 064 nm,常见地物的反射率如图 4.2 所示,雪地的反射率最高,树木及草地反射率居中,土壤及水泥的反射率次之,沥青路面的反射率则最低。

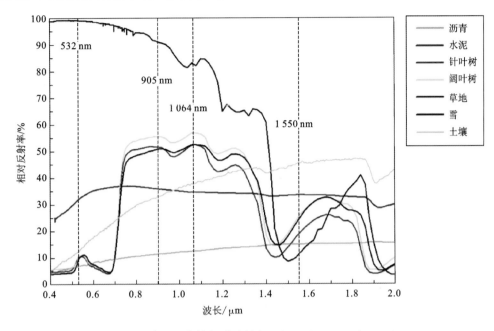

图 4.2　常见地物的相对反射率(Pfennigbauer et al.,2013)

3. 回波信号探测

　　经地面散射的激光脉冲,产生后向散射回波,辐射功率符合朗伯余弦定律。回波脉冲经大口径的望远镜接收,穿透望远镜光学器件时会产生部分能量损失,望远镜的出射光通量与入射光通量的比值称为接收系统光学透过率。假设望远镜接收孔径的有效面积为 A_r,则地面目标作为二次辐射面光源时,对应的接收光束立体角用式(4.6)计算,如图 4.3 所示,处于立体角之内的回波才会被望远镜接收,立体角之外的散射能量则完全消耗。

$$\mathrm{d}\Omega = \frac{A_r}{R^2} \tag{4.6}$$

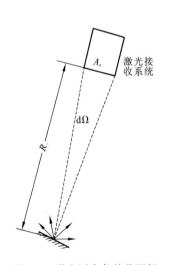

图 4.3　激光测高仪接收视场

　　进入望远镜的激光光子经雪崩光电二极管转换为模拟电信号,在光电转换过程中易产生能量的损失和暗电流等噪声干扰。模拟的电信号经波形采样装置进行模数转换后,得到最终的回波波形数据。

激光测距的过程中,考虑地表漫反射、双程大气衰减、望远镜光学透过性及光电转换效率的影响,回波能量微弱且易受噪声干扰,用激光脉冲返回的光子数表示回波的能量,由式(4.3)~式(4.6)推导可得目标响应函数模型,即激光雷达方程(Bufton,1989),如下:

$$N = \frac{E}{h\nu} \times \frac{A_r}{R^2} \times \tau_{sys} \times \tau_q \times \tau_{atm}^2 \times \frac{\rho \times \cos\theta}{\pi} \tag{4.7}$$

其中:E 为发射脉冲的能量;h 为普朗克常量;ν 为激光波长工作频率;A_r 为接收系统的望远镜孔径面积;R 为激光到地面的单向传播距离;τ_{sys} 为接收系统光学透过率;τ_q 为探测器量子效率;τ_{atm} 为单程大气衰减系数;ρ 为地表反射率;θ 为地表反射面法向量与望远镜视场方向的夹角。

4.2.1 回波信号模拟

由激光测高的原理可知,脉冲到目标的传播距离决定激光光子被探测的时刻,由于大光斑内地形起伏以及复杂地物的存在,同一时刻发出的激光脉冲返回时刻并不相同。除与发射波形和大气影响有关外,回波波形与地形、地物的复杂程度密切相关,图 4.4 为复杂地形区域的大光斑激光回波波形示意图。

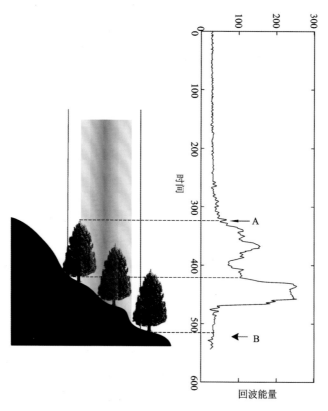

图 4.4　激光在复杂的地形地物条件下的回波波形示意图

如果 N 为望远镜接收到的后向散射光子的总和,即单个脉冲的总回波光子数,则 N 在时间轴上的分布就是激光的回波波形。因此,可将光斑内地形离散化,分割为栅格或其他形状的面元 i,分别按照激光到面元 i 的传播距离 R_i 计算光子的传播时间 t_i,利用式 (4.8) 计算每个面元的回波光子数

$$N_i = \frac{E_i}{h\nu} \times \frac{A_r}{R_i^2} \times \tau_{sys} \times \tau_q \times \tau_{atm}^2 \times \frac{\rho_i \times \cos\theta_i}{\pi} \tag{4.8}$$

E_i 表示为

$$E_i = \left\{ \frac{1}{2\pi\sigma} \exp\left[\frac{(x_i - x_0)^2 + (y_i - y_0)^2}{2\sigma^2} \right] \right\} \times \Delta S_i \tag{4.9}$$

其中:ΔS_i 为面元的面积。

当激光为近似天底指向时,传播距离为轨道高度 H 与面元中心的高程 h_i 之差,即

$$R_i = H - h_i \tag{4.10}$$

$$t_i = \frac{2R_i}{c} \tag{4.11}$$

激光探测器的数字仪对回波进行高频采样获取回波波形,记录的是离散的采样值。设数字仪的采样间隔为 Δt,回波仿真时,将 $t_i \in [t, t+\Delta t]$ 的所有回波光子看作同一时刻返回探测器。Δt 对应激光在传播方向的距离分辨率 ΔR,如下:

$$\Delta R = \frac{1}{2}\Delta t \cdot c \tag{4.12}$$

$$m = \frac{R_{max} - R_{min}}{\Delta R} \tag{4.13}$$

不考虑激光发散角,沿激光传输方向将最小和最大传输距离 $[R_{min}, R_{max}]$ 按 ΔR 间隔等分为 m 层,如式 (4.13) 所示。$R_i \in [R, R+\Delta R]$ 时,认为对应面元的回波同一时刻返回探测器,依次计算每一层内 n 个面元的回波光子数之和 $g(j)$,作为波形采样的一帧 (bin)。

$$g(j) = \sum_{i=1}^{n} N_i \tag{4.14}$$

综上,激光脉冲的目标响应函数可表示为 m 个距离层能量的集合:

$$g(t) = (g(1), g(2), \cdots\cdots, g(m)) \tag{4.15}$$

其中:$t = 0, \Delta t, 2\Delta t, 3\Delta t, \cdots, (m-1)\Delta t$。

根据信号与系统的基本理论,接收脉冲可以认为是发射脉冲与目标响应函数的卷积 (convolution):

$$f(t) = E(t) * g(t) \tag{4.16}$$

其中:$*$ 表示卷积运算;$E(t)$ 为发射脉冲的时间分布函数。

如果顾及实际的发射波形以及激光能量空间分布,同时考虑地面激光足印点对应的地物实际反射率,则激光测高卫星的回波波形模拟过程可以用图 4.5 表示。

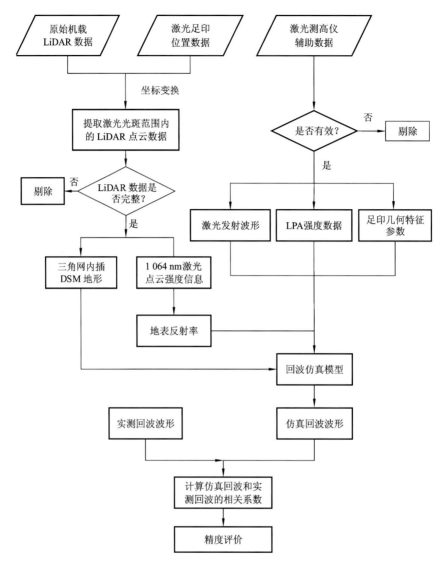

图 4.5　激光测高卫星回波模拟仿真流程图

4.3　全波形数据处理方法

在以雪崩 APD 为探测器的线性体制激光测高数据处理过程中,全波形数据是一类非常重要的输入数据源,激光测距精度很大程度上取决于波形处理的精度。卫星激光测高全波形数据处理包括波形分解和波形特征参数提取两个方面(王成 等,2015),其中波形分解方法主要包括高斯分解模型、小波基方法、波形反卷积等;波形特征参数目前常用的度量参数包括波峰位置、波形分位数高度、波形高度指数、波形能量指数等。在波形数据处理前一般还需要进行背景噪声估计、波形平滑滤波、初始参数值估计等几个步骤。

对于基模高斯模式的激光测高仪,发射波形可视为高斯脉冲,激光经地表面反射后回波波形可近似看做一次或多次高斯脉冲的叠加,如 GLAS 中设定为不超过 6 个高斯脉冲。对于多回波波形数据,采用多个高斯函数叠加的方式进行拟合,拟合公式如下:

$$w(t) = \varepsilon + \sum_{m=1}^{p} A_m \exp\left(-\frac{(t-t_m)^2}{2\sigma_m^2}\right) \tag{4.17}$$

其中:t 为回波相对于波形起始时刻的时间;A_m,t_m,σ_m 分别为第 m 个高斯函数的幅值、均值和标准差;ε 为波形噪声值。

4.3.1　波形预处理

由于存在背景噪声、仪器噪声及大气影响等因素,波形的分布并不是理想中的光滑曲线,而是带有因噪声导致的毛刺和多个较小峰值的波形。为了保证探测到的复杂波形中的真实地物信息,在进行波形分析获取有效信息之前首先进行一定的操作处理,即电压值转换、波形归一化、背景噪声估计及高斯平滑滤波,最终获取有效的波形信息。

由于所有信号中都存在一定的背景噪声值,在予以保留有效信号时需要将原始信号统一减去背景噪声阈值。噪声阈值通常由背景噪声均值及方差计算得到,背景噪声期望和方差的确定通常有两种方法。第一种方法利用直方图统计法进行背景噪声估计,该方法是对整个波形转换后得到的电压值进行直方图统计,并进行最佳高斯函数拟合,将拟合后的期望和方差认为是背景噪声均值和方差(Hilbert et al.,2012;Sun et al.,2008)。第二种方法是根据经验方式进行计算,取波形前半部分一定数量波形强度值的平均值作为噪声均值(Iqbal et al.,2013),对 GLAS 数据 k 一般取 100 或 150。

利用噪声均值加上 n 倍均方差确定背景噪声阈值,其中 n 值的大小视情况而定。增大 n 值可以减少有效回波信号的误判概率,但是过大的 n 值则会导致部分有效信号低于阈值而被舍弃;过小的 n 值则会导致部分较大的噪声误判为信号,且导致信号中断,因此,n 值要适中,一般情况下 n 取 4(庞勇 等,2007)。

在经验公式下将背景噪声阈值(threshold level)简写为 T,其计算公式如下:

$$T = m + 4 \times \sigma \tag{4.18}$$

将前 150 帧数据的平均值、均方差分别简写成 m_{150} 和 σ_{150},其计算公式如下:

$$\begin{cases} m_{150} = \sum_{i=1}^{150} (v_i/150) \\ \sigma_{150} = \sqrt{\sum_{i=1}^{150} \frac{(v_i - m_{150})^2}{150}} \end{cases} \tag{4.19}$$

其中:v_i 为实际回波信号中第 i 帧数据归一化后的电压值。

通过式(4.19)计算背景噪声阈值,然后将低于背景噪声阈值的电压值设置为零,高于背景噪声阈值的数值减去背景噪声阈值作为新的电压值,组成新的波形信号数据。在美国国家冰雪数据中心(National Snow and Ice Data Center,NSIDC)分发的 GLA01 文件中直接给出了背景噪声均值和方差的参考值,也可以作为 GLAS 波形预处理的参考阈值。

对于较为平坦的裸地,激光测高仪获取得到的回波类似于单一高斯回波波形,但是对于有一定起伏的粗糙表面及倾斜表面将会造成回波波形的展宽及变形,特别是有植被和建筑物覆盖的地表,将很大程度影响实际波形信号效果,因此,需要先对回波信号平滑滤波。常用的滤波函数为高斯滤波核,其基本思想是:将平面的标准回波波形数据作为平滑滤波模板,直接和初始回波波形进行卷积运算,从而完成对初始回波数据的平滑滤波作用,这样不仅能够保留其有效信号成分,还能够剔除噪声数据,有效地提高波形数据的信噪比。

假设发射的激光信号为标准的高斯分布,令其作为滤波核函数:

$$g(t) = \frac{1}{\sqrt{2\pi}\sigma} \exp\left(\frac{-t^2}{2\sigma^2}\right) \tag{4.20}$$

单个高斯回波进行背景噪声剔除之后的有效部分为

$$f(t) = A_i \exp\left(-\frac{(t-t_i)^2}{2\sigma_i^2}\right) \tag{4.21}$$

其中:A_i、t_i 和 σ_i 分别是第 i 个高斯分量的幅值、中心位置及标准差。

接收回波波形的有效回波信号 $s(t)$ 认为是由 p 个高斯回波分量的有效部分组成:

$$s(t) = \sum_{i=1}^{p} f(t) \tag{4.22}$$

平滑滤波实际上是对总的回波信号 $w(t)$ 进行平滑得到有效信号 $s(t)$,具体操作是将 $w(t)$ 与 $g(t)$ 进行卷积运算:

$$s(t) = w(t) * g(t) \tag{4.23}$$

4.3.2 波形分解

波形分解是卫星激光测高数据的一个重要步骤,因为通过分解后的波形特征参数可以用于指导地表高程的垂直分布信息提取。在前述波形预处理后,可以采用拟合的方法对回波有效信号 $s(t)$ 进行分解,最常用的波形拟合方法是非线性最小二乘算法(如 LM 算法),将待估计的初始参数代入目标函数中,若迭代的拟合结果与待拟合数据的目标匹配结果之间的残差最小,则迭代结束。

具体计算过程如下,将式(4.17)的回波波形的高斯函数 3 个特征参数用向量形式表示为

$$\boldsymbol{c}_m = [A_m, t_m, \sigma_m] \tag{4.24}$$

待估的未知数用向量表示为 $\boldsymbol{X}$,且 $\boldsymbol{X}$ 的维数为 $3p+1$:

$$\boldsymbol{X} = [\varepsilon, c_1, c_2, \cdots, c_p]^T \tag{4.25}$$

设定每个激光足印点的回波波形采样数为 N,则实际回波值可表示为

$$\boldsymbol{R} = [r_1, r_2, \cdots, r_N]^T \tag{4.26}$$

按高斯模型采用式(4.17)计算出的每个激光足印点对应的回波值为

$$\boldsymbol{W} = [w_1, w_2, \cdots, w_N]^T \tag{4.27}$$

实际回波值和基于高斯模型计算值的误差为

$$F(\boldsymbol{X}) = \boldsymbol{W} - \boldsymbol{R} \qquad (4.28)$$

波形分解的目标为,求出 $F(\boldsymbol{X})$ 最小时所对应的未知参数向量 $\boldsymbol{X}$。

对以高斯模型表示的激光足印点的回波波形式(4.27)求 $\boldsymbol{X}$ 偏导数可得

$$\boldsymbol{A} = \frac{\partial \boldsymbol{W}}{\partial \boldsymbol{X}} = \begin{bmatrix} \dfrac{\partial w_1}{\partial \varepsilon} & \dfrac{\partial w_1}{\partial c_1} & \cdots & \dfrac{\partial w_1}{\partial c_p} \\ \dfrac{\partial w_2}{\partial \varepsilon} & \dfrac{\partial w_2}{\partial c_1} & \cdots & \dfrac{\partial w_2}{\partial c_p} \\ \vdots & \vdots & \ddots & \vdots \\ \dfrac{\partial w_N}{\partial \varepsilon} & \dfrac{\partial w_N}{\partial c_1} & \cdots & \dfrac{\partial w_N}{\partial c_p} \end{bmatrix} \qquad (4.29)$$

其中

$$\begin{cases} \dfrac{\partial w_n}{\partial \varepsilon} = 1 \\ \dfrac{\partial w_n}{\partial c_m} = \left[\dfrac{\partial w_n}{\partial A_m}, \dfrac{\partial w_n}{\partial t_m}, \dfrac{\partial w_n}{\partial \sigma_m} \right] \\ \dfrac{\partial w_n}{\partial A_m} = \exp\left[-\dfrac{(t - t_m)^2}{2\sigma_m^2} \right] \\ \dfrac{\partial w_n}{\partial t_m} = \dfrac{A_m(t - t_m)}{\sigma_m^2} \exp\left[-\dfrac{(t - t_m)^2}{2\sigma_m^2} \right] = \dfrac{A_m(t - t_m)}{\sigma_m^2} \dfrac{\partial w_n}{\partial A_m} \\ \dfrac{\partial w_n}{\partial \sigma_m} = \dfrac{A_i(t - t_i)^2}{\sigma_m^3} \exp\left[-\dfrac{(t - t_i)^2}{2\sigma_m^2} \right] = \dfrac{(t - t_m)}{\sigma_m} \dfrac{\partial w_n}{\partial t_m} \end{cases} \qquad (4.30)$$

此时式(4.28)可写为

$$\boldsymbol{V} = \boldsymbol{A}\delta x - \boldsymbol{L} \qquad (4.31)$$

$$\boldsymbol{L} = \boldsymbol{R} - \boldsymbol{W}(\boldsymbol{X}) \qquad (4.32)$$

按最小二乘平差未知数的改正数为

$$\delta x = (\boldsymbol{A}^{\mathrm{T}}\boldsymbol{A})^{-1}\boldsymbol{A}^{\mathrm{T}}\boldsymbol{L} \qquad (4.33)$$

计算出 δx 后,可以得到新的参数

$$\boldsymbol{X}^{i+1} = \boldsymbol{X}^i + \delta x \qquad (4.34)$$

判断 $|\delta x| < d$,其中 d 为设定的阈值。如果成立,则停止迭代,输出参数 $\boldsymbol{X}$;如果不成立,则采用新的参数 $\boldsymbol{X}$ 进行下一次迭代运算。图 4.6 为高斯拟合后的波形曲线与初始回波波形数据的对照示意图。

在进行高斯拟合估计之前,可以通过计算回波波形的偏度和峰度值,对回波的高斯形状进行估算,以便于后续的高斯参数计算。偏度(skewness)表示数据分布的偏斜方向和程度,能有效表征数据非对称分布的程度。偏度估计的公式为

$$\mathrm{Sk} = \frac{1}{n-1} \frac{\sum\limits_{i=1}^{n} (x_i - \bar{x})^3}{\sigma^3} \qquad (4.35)$$

其中:n 为样本数;σ 为标准差;$\bar{x}$ 为均值。

如果统计的回波波形数据为右偏分布,则 $\mathrm{Sk} > 0$,且 Sk 值越大,右偏程度越高;回波

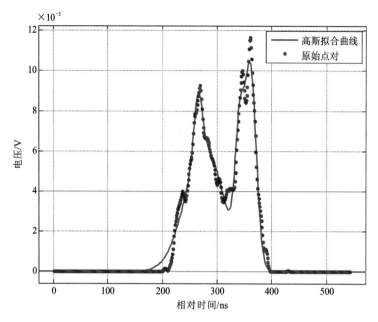

图 4.6　大光斑激光回波高斯拟合结果

波形为左偏分布时,Sk<0,且 Sk 值越小,左偏程度越高;Sk=0 时回波波形为高斯正态分布。一般激光回波波形因受大气气溶胶等因素的影响易出现拖尾现象,即出现 Sk>0 右偏分布的情况。

峰度(kurtosis)是用来反映数据分布曲线顶端尖峭或扁平程度的指标,可有效度量数据在中心的聚集程度。其估计公式为

$$K = \frac{1}{n-1} \frac{\sum\limits_{i=1}^{n} (x_i - \bar{x})^4}{\sigma^4} - 3 \qquad (4.36)$$

在正态分布时,K=0;K>0 时说明顶端尖峭,数据在中间非常集中;K<0,数据不够集中,甚至出现类似于矩形的均匀分布。在茂密的森林区域、地形坡度或粗糙度较大的区域容易出现回波能量分散、波形不够集中的情况。

4.3.3　特征参数提取

经波形分解处理后的波形较为平滑,且波峰数较少,认为符合数据应用的要求。假设分解出来的最后一个高斯波作为地表回波可以提取波形的峰值位置、脉宽及幅值等特征参数以应用到其他研究中。常见的几个波形特征参数有波形分位数高度、波形高度指标和波形能量指标等(Duong et al.,2008;Sun et al.,2008;Lefsky et al.,2007,2005;Harding et al.,2005;Drake et al.,2002)。

本节以波形长度、波峰长度为例。波形长度(L)为信号开始到倒数第一个峰值的长度;波峰长度(p)为波形分解后的第一个高斯分量峰值位置与最后一个高斯分量峰值位置之间的距离。图 4.7 即为两种典型的波形特征参数。

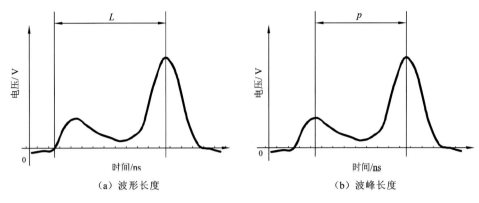

（a）波形长度　　　　　　　　　（b）波峰长度

图 4.7　两种典型的波形特征参数

第 5 章　ICESat/GLAS 及资源三号 02 星
激光测高系统

本章将对已有的 ICESat/GLAS 激光测高系统的基本信息、数据处理方法和产品分级等进行较详细的概述,重点介绍资源三号 02 星试验性激光测高仪的基本情况,并对 GLAS 以及资源三号 02 星激光测高数据的理论误差进行对比分析。

5.1　ICESat/GLAS 激光测高系统

作为国际上第一颗搭载在卫星上用于对地观测的激光测高仪,ICESat/GLAS 在全球一直受到很大的关注,国内外学者投入了大量精力开展该数据的处理、分析与应用研究工作。因此,梳理总结该激光测高载荷及其数据性能,对于开展国产卫星激光测高数据处理研究具有很好的借鉴意义。

5.1.1　ICESat/GLAS 载荷基本信息

2003 年,美国发射了国际上第一颗对地观测激光测高卫星 ICESat,该卫星上搭载了 GLAS 地球科学激光测高系统,在两极冰盖监测、全球森林生物量估算、陆地高程测量等方面得到了广泛应用(王成 等,2015;Wang et al.,2011;Schutz et al.,2005;Zwally et al.,2002),其工作原理如图 5.1 所示。GLAS 采用了 532 nm 和 1 064 nm 两种波长的激光器,532 nm 的激光主要用于云高、大气气溶胶测量,1 064 nm 激光主要用于极地冰盖、海冰、

图 5.1　ICESat/GLAS 激光测高系统工作示意图

http://icesat.gsfc.nasa.gov/

陆地地表、森林植被高程测量等,其基本参数如表 5.1 所示。

表 5.1　GLAS 的 1 064 nm 波长的激光测高仪参数表(Schutz et al.,2005)

主要参数	具体指标
工作平台	ICESat-1 卫星
中心波长/nm	1 064
重复频率/Hz	40
脉冲能量/mJ	75
脉冲宽度/ns	6
地面足印大小/m	标称:66,实际:55~110
足印间隔	沿轨:170 m,垂轨:15 km(赤道)、2.5 km(南北纬 80°)
重复周期/天	在轨检校:8,平时:183
寿命/年	设计:3,实际:6
测距精度/m	0.1
几何精度/m	平面:4.5~10,高程:0.15(平地)

　　目前卫星定轨精度已经能达到很高的水平,从最终激光足印点的几何定位精度要求而言,除确保测距精度足够高外,高精度的激光指向测量是卫星激光测高的核心。ICESat/GLAS 采用了一种新的激光指向确定方法,其巧妙之处在于将高精度的姿态确定系统(attitude determination system,ADS)和激光参考相机(laser reference camera,LRC)用一个主动光学框标进行耦合,这样能将激光指向精确测量出来,如图 5.2 所示。其中卫星的 PAD(precision attitude determination)数据主要通过 EKF(extended kalman filter)算法对恒星参考系统(stellar reference system,SRS)及设备数据进行处理获得。ADS 测量 GLAS 设备平台相对于星场的角度,而激光参考传感器(laser reference sensor,LRS)则以 10 Hz 的频率对激光束进行采样并测量其相对于 ADS 的角度,激光断面阵列(laser profiling array,LPA)是 80 像素×80 像素的阵列成像仪,每个像素的视场角与 LRS 一致,工作频率为 40 Hz,与激光的发射频率一致,即对每次发射的激光能量都进行成像。

　　恒星参考系统中的 ADS 设备是 HD-1003 星敏感器(instrument star tracker,IST)以及由 4 个半球谐振陀螺(hemispherical resonator gyros,HRG)组成的惯性参考单元(inertial measurement unit,IMU)。星敏感器的视场角为 8°,最大能同时观测到 6 颗星,工作频率为 10 Hz。GLAS 一部分激光束通过两个横向的反射器进入到激光参考传感器 LRS 的视场,LRS 由工作频率为 10 Hz、8.5 mrad×8.5 mrad 的窄视场角相机组成,相机包括一个牛顿望远镜、一个能对 GLAS 激光束进行成像并计算中心位置的改进星敏以及校准参考源(collimated reference source,CRS)。CRS 是严格安装在星敏感器上以监视星敏感器相对 LRS 的偏差。LRS 每隔几分钟也对恒星进行成像,以便对 LRS 和星敏感

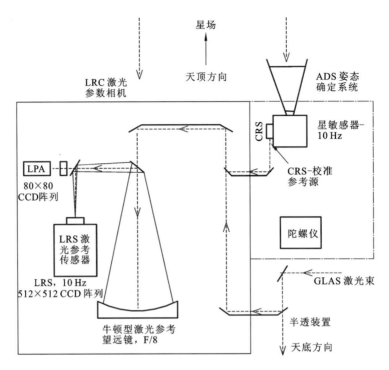

图 5.2　GLAS 激光指向精确测量原理示意图

器的光轴对准情况进行检查。

　　热和振动易导致激光参考系统 LRS 和星敏感器 IST 的指向发生相对偏差,GLAS 通过同时对恒星进行成像或在 LRS 影像中监视 CRS 中心的运动实现偏差改正。GLAS 开始的定姿算法主要依赖于 IST 和 LRS 同时对恒星进行成像,然后采用简单旋转、平移对两者进行对齐,同时用 CRS 作为交叉验证。而在实际中,由于太阳影响而导致在轨道向阳一侧时 LRS 无法有效对恒星进行观测,GLAS 最终主要依赖 CRS 对 IST 和 LRS 的光轴进行校准,而 LRS 对恒星的成像信息仅作为交叉验证(Bae et al.,2004)。正如设计时所预期以及被在轨运行期间的实际情况所证明,IST-LRS 的轴向不一致与温度密切相关。在轨运行的早期,CRS 中心随轨道热变化而显示的 IST 和 LRS 的光轴偏差每个轨道周期达到 20″(Sirota et al.,2005)。LRS 和 LPA 的分辨率约为 3.4″(约 0.001°),理论上允许获得子角秒的激光指向精度。通过统计激光中心在 LRS 中随时间的变化规律发现,每轨的偏差约 2″且存在两个峰值,两个峰的时间与每轨经过两个明暗界限对应,表明激光指向监测设备的重要性。这一重要结论对于发展国产卫星激光测高仪具有很强的指导价值。

　　GLAS 的三个 1 064 nm 激光器分别为 Laser1、Laser2、Laser3,它们在不同时间段进行了接替性的工作。其中:Laser1 在 2003 年刚上天后工作不久就出现故障,后续近 6 年的任务主要靠后两个激光器;Laser2 共工作了 L2A～L2E 5 个周期;Laser3 工作了 L3A～L3K 共 11 个周期,2009 年的最后一次观测周期由 Laser2 完成。具体不同观测周期的参数统计如表 5.2 所示。

表 5.2　**ICESat/GLAS 不同观测周期的基本参数统计表**(Carabajal et al.,2011)

ICESat 观测周期	起始时间	结束时间	激光发射能量 /mJ	指向精度 /(″)	长弧段 (~1 700 km) 平面精度/m	长弧段 (~1 700 km) 高程精度/m/0.4°坡度
L2A	10/13/2003	11/19/2003	70.7	0.27±1.64	0.79±4.77	0.6±3.30
L2B	2/17/2004	3/21/2004	45.6	0.32±1.28	0.93±3.73	0.7±2.60
L2C	5/18/2004	6/21/2004	12.5	0.13±3.54	0.37±10.30	0.3±7.20
L2D	11/25/2008	12/17/2008	5.4	0.59±2.53	1.72±7.36	1.2±5.14
L2E	3/9/2009	4/11/2009	2.8	0.80±2.75	2.32±8.01	1.6±5.59
L3A	10/3/2004	11/8/2004	63.7	0.19±1.13	0.56±3.29	0.4±2.30
L3B	2/17/2005	3/24/2005	59.1	0.02±1.44	0.07±4.20	0.1±2.93
L3C	5/20/2005	6/23/2005	45.5	0.10±1.00	0.29±2.92	0.2±2.04
L3D	10/21/2005	11/24/2005	39.4	0.02±0.98	0.07±2.86	0.1±2.00
L3E	2/22/2006	3/28/2006	34.1	0.00±1.17	0.00±3.41	0.0±2.38
L3F	5/24/2006	6/26/2006	30.8	0.47±1.52	1.35±4.42	1.0±3.08
L3G	10/25/2006	11/27/2006	27.1	0.02±1.16	0.07±3.37	0.1±2.35
L3H	3/12/2007	4/14/2007	22.6	0.00±1.48	0.00±4.29	0.0±3.00
L3I	10/2/2007	11/5/2007	20.5	0.22±0.76	0.65±2.22	0.5±1.55
L3J	2/17/2008	3/21/2008	17.7	0.21±1.60	0.62±4.66	0.4±3.25
L3K	10/4/2008	10/19/2008	15.6	0.05±1.29	0.15±3.74	0.1±2.62

　　GLAS 通过 LPA 实现了对不同工作周期的激光光斑能量分布的监测,如图 5.3 所示,表示不同激光器不同工作时段的能量分布示意图。从图 5.3 可以发现,即使为同一个激光器,其激光足印点的大小、方位以及形状扁率都可能不一致,如上排前三个为同一个激光器同一个观测周期不同的日期的激光能量分布图。此外,前两个激光器的足印近似为椭圆,只有第三个激光器的足印才近似为圆形。按 ICESat 卫星 600 km 的轨道高度及 GLAS 的 110 urad 发散角,可计算出 GLAS 原始设计地面足印大小约为 66 m,但实际上三个激光器的足印直径分别约为 110 m、90 m 和 55 m(Abshire et al.,2005;Schutz et al.,2005;Zwally et al.,2002)。其中 Laser 1a 到 Laser 2c 的平均大小为 95 m×52 m,Laser 3a 到 Laser 3b 周期的平均大小为 61 m×47 m(Abshire et al.,2005)。通过 LPA 监视激光的能量空间分布和足印形状,对于指导大光斑激光足印内地形、地物的精细分析也具有非常重要的参考价值。

　　此外,LPA 图像强度与激光发射能量相关,通过监测 LPA 图像强度值的变化可以直观获得激光发射能量的变化,进而计算总体的信噪比和回波可靠性。图 5.4 所示即为

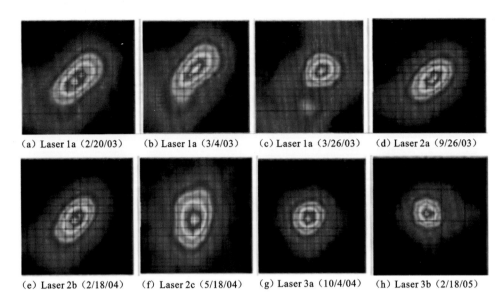

（a）Laser 1a（2/20/03）　（b）Laser 1a（3/4/03）　（c）Laser 1a（3/26/03）　（d）Laser 2a（9/26/03）

（e）Laser 2b（2/18/04）　（f）Laser 2c（5/18/04）　（g）Laser 3a（10/4/04）　（h）Laser 3b（2/18/05）

图 5.3　LPA 激光光斑能量空间分布示意图（Abshire et al.,2005）

GLAS 激光器 Laser 2 和 Laser 3 在不同工作周期的能量变化情况,随着时间的推移 GLAS 激光器的发射能量在逐步衰减,特别是 Laser 2 衰减非常快。

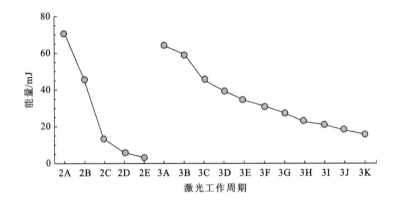

图 5.4　Laser 2 和 Laser 3 激光器发射能量在不同工作段的衰减情况（Carabajal et al.,2011）

5.1.2　ICESat/GLAS 数据处理方法及产品

由于 GLAS 激光发射波形近似为基模高斯形式,卫星接收的经地表反射后的回波波形可近似看做一个或多个高斯脉冲的叠加。Brenner 等(2011)提出可采用多个高斯函数组合的最小二乘拟合分解方法对 GLAS 回波波形进行处理。在 GLAS 官方公布的 ATBD 文档中,对其数据几何处理流程进行了介绍,如图 5.5 所示。其特别之处在于采用激光脉冲到达地面的时刻计算卫星的位置,采用激光发射时刻计算激光的指向,以此消除光行差的影响,获得精确的三维空间坐标①。

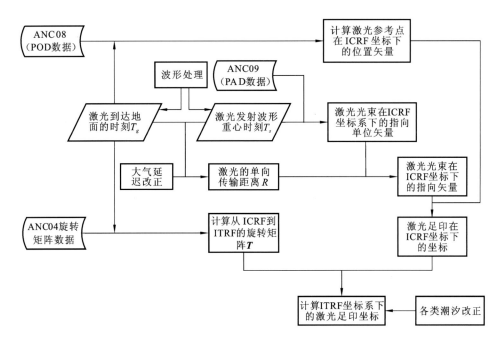

图 5.5　ICESat/GLAS 激光足印点几何定位流程图

整个数据处理的具体步骤可描述如下。

(1) 对发射和接收波形进行平滑、去噪,通过高斯函数进行拟合分解,确定发射和接收波形重心对应的时刻 T_S、T_R,激光传输时间间隔为:$\Delta t = T_R - T_S$,激光单向传输距离为 $\rho = c \dfrac{\Delta t}{2}$,激光到达地面时刻 $T_g = T_S + \dfrac{\Delta t}{2}$。

(2) 根据激光发射时刻 T_S 和 PAD 数据,内插出天球惯性坐标系 ICRF 下的激光指向单位向量 $\boldsymbol{u}$。

(3) 根据激光到达地面的时刻 T_g 和 POD 数据,内插出激光参考点在 ICRF 坐标系下的坐标向量 $\boldsymbol{r}_g$。

(4) 根据激光到达地面的时刻 T_g,从 ANC04 数据文件中内插计算 ICRF 到 ITRF 的旋转矩阵 $\boldsymbol{R}_{\mathrm{ICRF}}^{\mathrm{ITRF}}$;

(5) 利用模型 $\boldsymbol{r}_s = \boldsymbol{R}_{\mathrm{ICRF}}^{\mathrm{ITRF}}(\boldsymbol{r}_g + \rho'\boldsymbol{u})$ 计算激光脚印点在 ITRF 下的坐标向量 $\boldsymbol{r}_s$,该坐标值为粗定位结果。

(6) 利用激光足印点粗定位结果 $\boldsymbol{r}_s$ 的经纬度、高程以及 NCEP(National Center for Environmental Prediction)大气参数和大气改正模型计算激光大气延迟改正值 $\Delta\rho_{\mathrm{atm}}$。

———————————

① SCHUTZ B E,URBAN T J,2014. The GLAS Algorithm Theoretical Basis Document for Laser Footprint Location(Geolocation) and Surface Profiles. NASA.

（7）结合在轨几何检校后确定的激光系统性测距误差改正值 $\Delta\rho_{sys}$，得到精确的距离测量值 $\rho' = \rho - \Delta\rho_{sys} - \Delta\rho_{atm}$，重复步骤（5）计算 $r_{s\,new}$。

（8）采用潮汐改正模型，对激光足印点计算潮汐改正向量 Δr_t，最终在 ITRF 坐标系下精确的激光足印点坐标向量为：$r_{s\,new} + \Delta r_t$。

GLAS 官方公布的数据产品分为 0 级、1 级和 2 级共三级，公开发布的为 GLA01—GLA15 共 15 类产品[1][2]，如表 5.3 所示。其中，0 级主要为各类传感器电码数据包，属于原始观测数据；1 级包括 1A 和 1B 两类，1A 级为经整合后的卫星记录数据，1B 级为初级产品；2 级为基本产品，为实际应用数据。1 级和 2 级产品又分为 15 类，其中 GLA01—GLA04 属于 1A 级，GLA05—GLA07 属于 1B 级，GLA08—GLA15 属于 2 级。在全球植被生物量及陆地高程测量应用时，GLA01 和 GLA14 为常用数据产品。

作为美国第一颗对地观测的激光测高卫星，ICESat/GLAS 项目研究团队组整合了戈达德航天飞行中心、美国国家冰雪数据中心以及德克萨斯大学空间研究中心等多个单位的科研力量，从卫星精密定轨、精密定姿、激光定位等方面进行了分工，总体数据处理流程如图 5.6 所示，其中 1 级、2 级产品均由美国国家冰雪数据中心负责存档和对外分发[1][2]。

表 5.3　GLAS 数据产品类型

产品 ID	产品名	级别	备注
GLA00	设备包文件	0	原始数据
GLA01	高度数据文件	1A	对外公开发布的数据产品
GLA02	大气数据文件	1A	
GLA03	工程数据文件	1A	
GLA04	LPA 激光点阵、GYRO 陀螺仪等设备数据文件	1A	
GLA05	基于波形的高程校正文件	1B	
GLA06	海拔高度文件	1B	
GLA07	后向散射文件	1B	
GLA08	边界层和气溶胶层高度文件	2	
GLA09	多层云高文件	2	
GLA10	气溶胶垂直结构文件	2	
GLA11	薄云/气溶胶光学深度文件	2	
GLA12	冰盖产品文件	2	
GLA13	海冰产品文件	2	
GLA14	陆地产品文件	2	
GLA15	海洋产品文件	2	

① 引自：ZWALLY H，SCHUTZ B，HANCOCK D，2005. GLAS Standard Data Products Specification Levelz. Version 8.0.

② 引自：JESTER P，LEE J，2005. The GLAS Standard Data Products Specification-Level2，Version 9.

续表

产品 ID	产品名	级别	备注
ANC01	气象数据	1B	
ANC02	轨道和姿态控制数据	1B	
ANC03	激光跟踪数据	1B	
ANC04	IERS 极移和地球自转	1B	
ANC05	磁场和太阳辐射通量数据	1B	
ANC06	元数据和数据产品质量	1B	
ANC08	精密轨道数据	1B	
ANC09	精密姿态数据	1B	部分辅助数据
ANC10	GPS 跟踪数据	1B	
ANC12	数字高程模型	1B	
ANC13	重力异常	1B	
ANC14	极潮模型	1B	
ANC15	固体潮模型	1B	
ANC16	载荷潮模型	1B	
ANC17	海潮模型	1B	

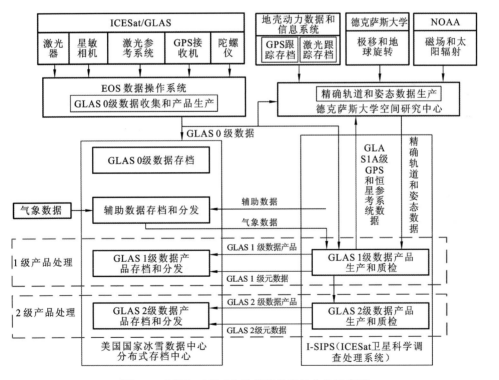

图 5.6　ICESat/GLAS 数据流及产品分发示意图

用户可通过 FTP 地址：ftp://n5eil01u.ecs.nsidc.org/GLAS 免费下载 GLA01-GLA15 从 2003～2009 年的所有数据，由于该 FTP 地址是以天为单位存储 GLAS 数据，不便于按地理范围查找某个区域的 GLAS 数据，用户也可以通过 http：//reverb.echo.nasa.gov/reverb/redirect/wist 网站按经纬度范围和时间进行查询。本书作者所在的卫星测绘应用中心激光测高卫星项目组已经将全球的 GLAS 数据下载并整理完毕，可以进行数据共享交流。

5.2　资源三号02星激光测高仪

5.2.1　资源三号02星概述

资源三号02星于2016年5月30日成功发射，是我国首颗高精度民用立体测图卫星资源三号01星的后续星。资源三号02星上搭载了国内首台对地观测的试验性激光测高载荷，主要用于测试激光测高仪的功能和性能，探索地表高精度的高程控制点数据获取的可行性，以及采用该数据辅助提高光学卫星影像无控立体测图精度的可能性（李国元 等，2017b；唐新明 等，2016）。除搭载试验性激光测高仪外，资源三号02星的主要载荷包括三线阵全色和多光谱共4台相机、双频 GPS 接收机、星敏感器等，图5.7为资源三号02星激光测高仪与相机的安装示意图，其中激光测高仪与正视相机视轴基本平行，近似指向地心方向。

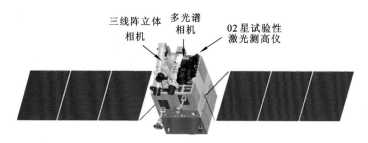

图5.7　资源三号02星激光测高仪与相机的位置示意图

与资源三号01星相比，资源三号02星做了部分适应性改进，其中前后视相机的分辨率从3.5 m提高到2.5 m，调整了原资源三号01星多光谱相机与正视全色相机的6°视轴夹角在资源三号02星上实现两者基本平行，卫星及影像的基本参数如表5.4所示。

表 5.4　资源三号 02 星卫星及影像基本参数表

参数名称	参数值
轨道高度/km	约505
轨道倾角/(°)	97.421
轨道类型	太阳同步圆轨道
重量/kg	2 700

续表

参数名称	参数值	
回归周期/天	59	
重访周期/天	5	
降交点地方时	上午 10:30	
空间分辨率/m	正视全色:2.1	
	前后视:2.5	
	多光谱:5.8	
光谱范围/nm	全色	450~800
	多光谱	蓝:450~520
		绿:520~590
		红:630~690
		近红外:770~890
幅宽/km	全色:50	
	多光谱:50	

5.2.2　资源三号 02 星试验性激光测高仪

02 星试验性激光测高仪由航天五院 508 所负责研制,主体由发射光学镜头、激光器腔体、激光器电源、主波探测组件、接收光学镜头、回波探测组件、信号预处理组件、二次电源组件、自检组件以及支架等组成,其基本设计图和实物如图 5.8 所示。受搭载空间等条件限制,其体积较小,功能也比较单一,除测距外,不具备回波波形记录功能,也未带足印相机。资源三号 02 星激光测高仪试验性载荷的基本参数见表 5.5。

　　（a）设计图　　　　　　　　　　　　　　　（b）实物图

图 5.8　资源三号 02 星激光测高仪设计图及实物图

表 5.5　资源三号 02 星激光试验载荷基本参数信息

参数	设计值	参数	设计值
激光脉冲宽度/ns	7	瞬时发射视场/mrad	0.1
重复频率/Hz	2	瞬时接收视场/mrad	0.5
功耗/W	45	探测器带宽/MHz	200
质量/kg	40	探测概率	≥95%（平坦地区@500 km）
激光器单脉冲能量/mJ	200	虚警概率	≤5×10^{-4}（平坦地区@500 km）
有效口径/mm	210	测高通道数量	1
有效作用距离/km	480～520	主波时刻鉴别误差/ns	1.445
激光足印大小/m	70	回波时刻鉴别误差/ns	1.445
轨道高度/km	505.984	晶振误差/ns	0.86
中心波长/nm	1 064	测距精度/m	1.0（3σ，坡度＜2°）

从表 5.5 可以看出,资源三号 02 星试验性激光测高仪的基本参数包括:单波束,发射激光的中心波长为 1 064 nm,属于近红外激光,工作的重复频率为 2 Hz,发散角为 0.1 mrad,脉冲宽度 7 ns,脉冲能量 200 mJ,在坡度＜2°地形条件下测距精度约 1.0 m。对应到地面的激光足印点光斑直径设计值 70 m,地面间隔约为 3.5 km。将资源三号 02 星激光测高仪的主要指标与表 5.1 的 ICESat/GLAS 进行对比,可发现资源三号 02 星激光器发射的单脉冲激光能量约 200 mJ,高于 GLAS 的 75 mJ 的发射能量,高能量对激光器寿命、热控、体积等不利。此外,资源三号 02 星在重复频率方面低于 GLAS,设计的地面激光足印光斑大小与 GLAS 相当。

在激光测距精度指标方面,资源三号 02 星激光测高仪设定的有效作用距离为 500 km±20 km,以保证卫星运行轨道在不同地形起伏地区仍能有效接收到激光信号。但由于受限于接收口径,硬件研制方设计只能满足在大气透过率≥0.53,约 15 km 的能见度,且地物目标反射率≥0.22,地形平坦坡度＜5°的情况下才能保证测距可靠性、较高的探测概率和较低的虚警率。结合表 5.5 的参数,在坡度＜2°,大气透过率良好,有较高地表反射率的情况下激光测距的精度可优于 1.0 m(3σ)。分析可知,如果取 1σ 此时测距精度约为 0.68 m,虽然离 GLAS 的 0.1 m 测距精度水平还有一定差距,但作为资源三号立体影像 1∶50 000 测图时的高程控制点是值得期待的。图 5.9 显示的是资源三号 02 星实际的三线阵立体影像和同时获得的激光测高数据分布示意图,激光足印点按约 3.5 km 的间隔在影像沿轨方向的中间位置接近均匀分布。

由于各种条件的限制,资源三号 02 星试验性激光测高载荷的硬件条件低于美国发射的 ICESat/GLAS,而且该载荷不具备回波波形采集与记录功能,但经高精度几何检校和处理后,仍可用作 1∶50 000 立体测图高程控制点,将在本书的第 8 章进行了试验验证分析。

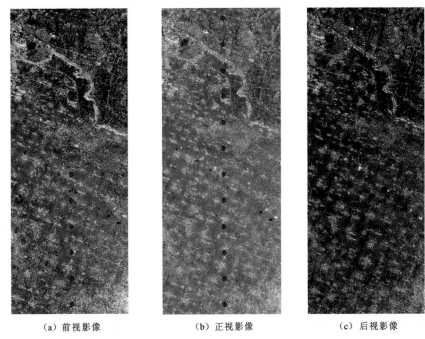

(a) 前视影像　　　　　　　(b) 正视影像　　　　　　　(c) 后视影像

图 5.9　资源三号 02 星三线阵影像及激光足印点(红色圆圈)位置分布示意图

5.3　资源三号 02 星激光测高理论精度分析

　　针对我国首台对地观测的试验性激光测高仪,结合各类误差源以及可行的改正精度,对其最终的测量误差进行定量分解非常必要,可针对性地开展几何检校和数据处理工作,也能指导后续相关卫星的技术改进。

　　前述 5.2 节对资源三号 02 星的基本参数进行了介绍,卫星采用了双频 GPS 天线、高精度的星敏感器等设备,具有较高的实时测量精度,同时原始的姿轨数据经应用系统处理后精度还有进一步提升,卫星在轨测试期间对相关指标进行了验证,如表 5.6 所示,主要包括卫星平台的轨道、姿态测量精度及稳定度等指标。其中无地面控制点条件下资源三号 02 星姿态的绝对测量精度指标未进行验证,但经事后对影像的无控平面精度进行评价,推算出卫星姿态的无控测量绝对精度应该在 5″ 左右,该指标与 GLAS 最终的 1.5″ 的指向误差还有一定差距,国内相关学者正在对姿态测量误差进行深入地分析研究(莫凡等,2016；Tong et al.,2015)。

表 5.6　资源三号 02 星和 ICESat/GLAS 卫星平台相关指标

精度	资源三号 02 星			ICESat/GLAS 指标
	实时测量精度	事后处理精度	在轨测试精度	
卫星轨道测量精度	优于 10 m	20 cm(1σ)	优于 5 cm(1σ)	5 cm
卫星姿态测量精度	测量精度 0.005°,约 18″	相对精度优于 1″,有控时相对精度 0.6″	有控时相对精度 0.6″(随机误差)	无控 1.5″

精度	资源三号 02 星			ICESat/GLAS
	实时测量精度	事后处理精度	在轨测试精度	指标
平台稳定度	$5 \times 10^{-4}°/s$	$5 \times 10^{-4}°/s$	$2.87 \times 10^{-4}°/s$	未知
指向精度	0.01°	0.01°	优于 0.005 7°	优于 0.003 6°

Shutz 等（2014）围绕 GLAS 在测量误差分解方面做了大量的工作。GLAS 技术文档中大气折射引起的平面偏移估算公式存在一定偏差,但在激光指向角接近天底方向时,对于大光斑激光足印点而言,因大气引起的平面位置偏差基本可以忽略。而大气折射引起的距离延迟最大可达 2.35 m,必须加以改正。采用 NCEP 大气参数,目前大气折射延迟改正算法精度可控制在 2 cm 左右,不是激光测高的主要误差源。采用 IERS 公布的有关模型,潮汐影响的改正误差也可控制在 1 cm。Shutz 等（2014）分析了引起 GLAS 最终的测高误差(0.15 m)的主要来源在器件本身的测距误差(0.1 m)、轨道径向误差(0.05 m)以及激光指向角与地形综合的影响(0.075 m/1″/°)。本节将资源三号 02 星试验性激光测高仪与 GLAS 的误差指标进行了对比,如表 5.7 所示。两者的轨道高度存在一定区别,其中 GLAS 轨道为600 km,比资源三号 02 星的 505 km 更高,因此地形起伏引起的高程误差略大。

表 5.7　资源三号 02 星与 GLAS 误差定量分解表

误差	资源三号 02 星			GLAS
	随机误差	系统误差	引起的测高误差	的指标
激光器测距误差/cm	68	/	68	10
轨道径向误差/cm	5	/	5	5
安装偏心量误差/cm	1	/	1	1
安装偏置角误差	1″	/	平面:2.5 m 高程:4.1 cm	/
姿态/激光指向角误差	0.6″	精密定姿后,无控 5″	平面:14 m 高程:23.7 cm	平面:4.5 m 高程:7.5 cm
大气折射	大气压 10 mba,可降水量 5 mm	最大 2.35 m,可消除	3°以内,平面偏移 3 cm/°;高程:2 cm	高程:2 cm
潮汐影响/cm	1	最大 40,可消除	1	1
时间同步误差	20 us	/	<1 cm	<1 cm
地形起伏	假定坡度为 1°的平坦地区,与姿态/指向误差共同作用		4.1 cm/(″)/(°)	5 cm/(″)/(°)
中误差			平面:14.2 m 高程:0.743 m(1°)	平面:4.5 m 高程:0.137 m

在误差分解的过程中,假定相应的系统误差经过了几何检校或部分误差可以通过数

据后处理的方式得到消除。如对于测距系统本身的系统误差、激光与星敏感器的安装角误差或激光指向角误差的系统误差需要进行在轨几何检校进行精确确定,在第 6 章中进行了检校方法的设计与实际验证。而最大约 2.35 m 的大气折射距离延迟以及 40 cm 的潮汐误差,可经过事后大气折射延迟和潮汐改正算法,仅残留 2 cm 和 1 cm 的随机误差。但云、雾霾等能见度不佳的天气条件下,大气对激光的影响不容忽视,相关的算法还有待深入研究。

　　理论上,如果波形采样间隔为 1 ns,经波形处理后时间测量精度可优于 1 ns,对应的距离精度约 0.15 m。但资源三号 02 星试验性激光测高仪不具备波形采样和记录功能,因此,暂无法结合波形数据进一步分析和提升其本身的测距精度。如表 5.7 所示,如果按资源三号 02 星给定的硬件测距误差 1.0 m(3σ),取 0.68 m(1σ)进行分析,理论上资源三号 02 星激光足印点的绝对高程精度在坡度为 1°的平坦地区为 0.743 m(1σ),平面精度为 14.2 m,若坡度为 2°,则高程精度为 0.849 m。其中激光器本身的测距误差是足印点高程的主要误差源,卫星姿态/激光指向角测量误差是平面误差的主要来源,而指向角与地形起伏的综合影响也不能忽视,尤其有一定坡度区域,平面误差会引起较大的高程误差,这也是第 7 章中提取激光高程控制点时尽量选取平坦地区的原因所在。虽然目前资源三号 02 星激光测高数据相关精度指标与 GLAS 还有一定距离,但平坦地区优于 1.0 m 的高程精度能够满足资源三号用于 1∶50 000 立体测图的高程控制需求,而如何实现这个精度指标,核心点在高精度几何检校,关键点在如何把高精度的点挑选出来并进行有效应用,这也是后面两章的主要研究工作。

第 6 章　卫星激光测高仪在轨几何检校方法

高精度在轨几何检校是卫星激光测高数据精度保障的前提条件。国外针对 ICESat 卫星上的 GLAS 激光测高系统几何检校开展了大量的工作,综合采用大洋表面姿态机动、夜间航空飞机红外成像、波形匹配及铺设地面探测器等多种方式,最终实现激光指向角优于 1.5″、测距精度优于 10 cm 和平地绝对高程精度达 15 cm 的工程目标。对于国产资源三号 02 星激光测高仪试验性载荷,实验室测定的激光指向角偏差较大,无法满足高精度的激光测高数据处理需求,迫切需要通过在轨几何检校的方式精确标定出相应的系统性误差,提高最终的测量精度。本章将主要研究卫星激光测高仪在轨几何检校技术;提出基于先验地形的指向角系统误差估算以及基于地面红外探测器的精确几何检校方法;第一种方法可实现基于先验地形数据的快速检校,为外业布设地面探测器提供初始值参考,第二种方法可实现系统性测距偏差和指向角误差的精确检校。同时采用 GLAS 模拟数据以及资源三号 02 星实际激光测高数据进行方法的验证与分析,利用野外检校场成功捕获激光脉冲信号并根据探测器的位置对资源三号 02 星的测距与指向系统误差进行精确检校。

6.1　国内外研究现状

国外针对卫星激光测高仪在轨几何检校已经开展了一些研究工作,提出了诸如在大洋上姿态机动、波形匹配、布设地面探测器等多种检校方法。其中,Luthcke 等(2000)建议卫星在大洋上空时采用机动飞行的方式对激光测高仪的指向误差进行检校;Rowlands 等(1999)采用轨道交叉点对 MOLA 激光指向角偏差进行检校,提高了其水平定位精度,并对早期的卫星激光测高仪精确定位的在轨几何检校技术进行了回顾综述,同时建议采用姿态机动、地形剖面匹配、波形匹配等多种思路以实现卫星激光测高仪的在轨几何检校,相关方法在 GLAS 中被采用(Rowlands et al.,2000);Schutz[①] 在卫星发射前研究了 GLAS 的在轨几何定标方法,对 GLAS 的误差源、需要检校的参数、检校的方案等进行了规划设计;Luthcke 等(2002)采用 SLA 测量数据对激光测高仪检校及提高几何定位精度的方法进行了验证分析;Martin 等(2005)采用精细的地形数据对激光测高仪的距离和指向偏差进行了标定;Magruder 等(2005)采用地面红外探测和角反射器对 GLAS 激光测高仪的指向角和时间同步误差进行定标分析;Sirota 等(2005)对 GLAS 发射激光的指向确定方法进行了介绍,分析了激光指向角的系统误差,且发现激光指向误差与温度有很大的关联性;Filin(2006)提出了一种通过一般地形对星载激光测高仪指向角偏差进行检校

① 引自:SCHUTZ B E,2001. GLAS Altimeter Post-Launch Calibration/Validation Plan. NASS.

的模型,并采用 GLAS 数据进行验证,同时对检校场地的选择也作了分析研究;Poole 等 (2014)采用地形数据对火星激光测高仪的激光脉宽进行了检校分析,为地形起伏反演及 试验着陆场的选择提供定量支撑;Sun 等(2014)通过激光双向测距的方式对 LOLA 激光 测高仪进行了在轨检校研究,有效提高了激光的指向精度。

国内关于激光测高仪的检校主要集中在机载设备,对机载激光测高仪的误差来源以 及检校参数、计算方法、场地选择等开展了较为深入的研究分析(苏春艳,2015;林先秀, 2014;张小红,2010;刘经南 等,2002)。对于用于探月的嫦娥系列上搭载的激光测高仪, 国内开展了初步的研究。其中,黄庚华等(2006)对探月卫星激光测高仪的测距系统偏差、 发散角等进行了地面定标验证分析;平劲松等(2013)对我国嫦娥一号激光测高仪 LAM 数据中存在的时标漂移、卫星轨道径向误差以及 LAM 晶体振荡器地面定标的系统整体 偏差等进行了分析和修正,实现了对激光测高数据的外部标定。而在对地观测方面,没有 相应的星载激光测高仪上天,因此相关的几何标定研究大多在实验室论证、仿真分析阶 段,迫切需要开展相应的实战化研究分析。其中朱剑锋等(2014)对星载激光测高的系统 误差及检校方法进行了综述介绍;马跃等(2015b)对激光测高仪姿态误差进行了检校研 究,但停留在模拟仿真阶段。国产资源三号 02 星于 2016 年 5 月 30 日成功发射,该卫星 上搭载了一个试验性激光测高仪,正好可为开展卫星激光测高在轨几何检校相关研究提 供数据支撑。

6.2　卫星激光测高仪"两步法"在轨几何检校

6.2.1　基于地形匹配的激光指向角粗检校

受测量条件和仪器精度等因素影响,资源三号 02 星激光测高仪的实验室测定的原始 指向角会存在一定偏差,而且卫星上天以后,受重力环境变化、震动等因素的影响,激光与 平台的角度关系也会发生一定变化,激光指向角误差对平面、高程精度等都有很大影响, 如果指向角误差过大将导致对地面足印点准确位置无法进行有效计算,因此迫切需要一 种指向角优化算法实现该偏差角的有效计算。早在几年前,有关学者就注意到采用公开 版或历史已有的高精度地形数据可以对卫星影像进行定向补偿。其中 Jeong 等(2012)曾 采用 90 m 格网的全球 DEM 对高分辨率卫星影像进行绝对定向,提高其无控几何精度; Kim 等(2011)基于 DEM 匹配的严格推扫式传感器模型偏差补偿,采用三维相似变换对 卫星的姿态、轨道参数进行补偿,提高高分辨率卫星影像无控测图精度;周平等(2016)指 出采用 90 m 的 SRTM(shutter radar topography mission)数据可以有效提高资源三号立 体影像的无控测图精度,特别是对高程有较大提升。采用已有地形数据进行地形匹配的 思想在导弹巡航、水下辅助定位等领域也得到了广泛的应用(饶喆 等,2016;张靖男 等, 2006)。

考虑到卫星激光测高仪获得的地面足印点与实际地形剖面具有一定的一致性,因此, 本节采用了地形匹配的思想对激光指向角进行估算,实现不依赖外业试验数据的条件下对激光指向角系统性偏差进行几何检校,为有效保证外场几何检校时激光足印点初始位置预测提供支撑。算法的基本思想描述如下:星载激光测高仪获得沿卫星飞行方向位于地表的一系列离散点,根据第 3 章的式(3.1)激光足印点的坐标可表示为

$$p_i(x,y,z) = f(\rho_i, \mathrm{d}\rho, \theta, \alpha) \tag{6.1}$$

其中:(x,y,z) 为激光足印点的三维坐标;$(\rho_i, \mathrm{d}\rho, \theta, \alpha)$ 分别为该激光点的距离值、距离系统偏差值、激光指向角等变量,当每个激光点的距离测量值一定时,不同的距离偏差值和指向角将计算得到不同的三维点位坐标。如果定义这些离散点的集合为 P,集合 P 描述如式(6.1),则存在实际地形集合 Q,描述如式(6.2),使得:$P=Q$,也就是说存在一组距离偏差值 $\mathrm{d}\rho$ 和指向角 (θ,α) 使得点集合 P 与实际地形集合 Q 相等。

$$P = \{p(x,y,z) \mid (x_i, y_i, z_i) = f(\rho_i, \mathrm{d}\rho, \theta, \alpha), i=1,2,\cdots,n\} \tag{6.2}$$

$$Q = \{q(x,y,h) \mid h_i = g(x_i, y_i), (x_i, y_i) \in P\} \tag{6.3}$$

当激光指向角与测距的系统性偏差客观存在而没有被消除时,计算出的激光足印点三维坐标 $p_i(x,y,z)=f(\rho_i, \mathrm{d}\rho, \theta, \alpha)$ 与实际位置存在集合误差,集合 P 将与 Q 相差很大。理论上如果这些误差得到消除,则有 $P=Q$。但由于激光测高过程存在一些不可消除的随机误差,使得集合 P 不可避免地存在随机误差,而实际地形集合 Q 数据本身也存在一定测量误差,当指向角和测距系统性误差消除后,存在 $P \approx Q$,基本原理如图6.1 所示。

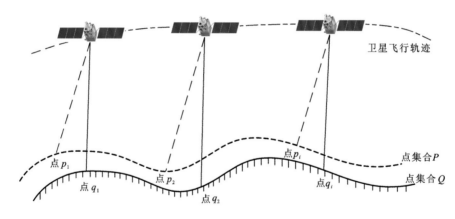

图 6.1　基于先验地形的卫星激光测高几何检校示意图

如何定量化衡量集合 P 和 Q 的相似性成为需要关注的重点问题。在相似性度量方面,有相关系数、最小距离、差值平方和最小。最常用的为相关系数,即标准化的协方差函数(张剑清 等,2009),在摄影测量学影像自动匹配中已经得到了广泛的应用。考虑相关系数涉及大量数据求均值和方差的过程,本节选择了激光点集合 P 与实际地形集合 Q 对应点的高差平方和最小作为评价。

如 3.3.2 小节所述,激光足印光斑内的地形起伏会引起测距误差进而产生高程误差。因此,为保证参与计算的激光足印点测距精度的可靠性和一致性,在实际计算过程中需要选择足印光斑内地形起伏较小的点,如资源三号 02 星激光测高仪在地形坡度小于 2°的情

况下才能保证测高精度。

通过给定的参考地形数据,可以统计足印点内的地形特征参数 (S,ξ),S 为坡度,ξ 为粗糙度,计算公式分别如式(6.4)、式(6.5)所示。

$$S = \arctan \sqrt{\tan^2 S_X + \tan^2 S_Y} \tag{6.4}$$

$$\xi = \sqrt{\frac{1}{N} \sum_{i=1}^{N} [H_{\mathrm{DEM}\_i} - H_i]^2} \tag{6.5}$$

其中:S_X,S_Y 为激光足印点光斑内地形在卫星垂轨和沿轨方向的坡度角;H_i 为根据平面拟合方程计算出的高程值

$$H_i = aX_i + bY_i + c \tag{6.6}$$

其中:$a = \tan S_X$;$b = \tan S_Y$。

在指向角接近天底点方向时,$\mathrm{d}\rho$ 对所有激光点的高程影响基本一致。因此,存在一组激光指向角偏差 θ、α 值,满足

$$k(\theta,\alpha) = \arg \min \sum_{i=0}^{n} (z_i - h_i)^2, \quad \{(x_i,y_i,z_i) \in P, (x_i,y_i,h_i) \in Q\} \tag{6.7}$$

在求得指向角偏差值 θ、α 值后,激光点与参考地形的高程差值的均值可看作系统性测距误差 $\mathrm{d}\rho$ 的初始值。估算出 $\mathrm{d}\rho$、θ、α 初始值后,可为后续外场几何检校时激光足印点位置预测提供参考。

为了验证不同指向角下,激光足印点集与参考地形的高程误差确实存在一个确定的最小值,模拟并统计资源三号 02 星激光测高数据在不同指向角误差时高程中误差,并采用三维图进行显示,如图 6.2 所示,X、Y 轴代表激光指向角误差大小,Z 轴代表在相应的指向角误差时激光足印点的高程中误差统计结果。很明显地,在图 6.2 中存在

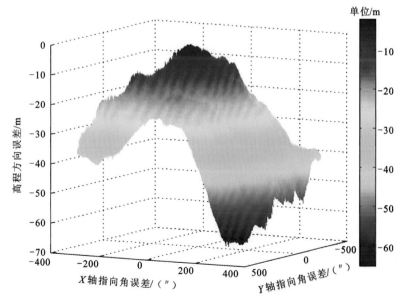

图 6.2　不同指向角误差时的激光足印点高程误差分布侧视图

一个顶点,对应某一组指向角误差,使得此时的高程中误差最小,这在图 6.3 的俯视效果图中也得到进一步验证,圆圈中包含与实际值最接近的指向角误差值,此时的激光足印点高程中误差最小。因此,通过对指向角设定一定的变化步距,即可根据式(6.7)的原理找到指向角的最优估计值,步距的大小与参考地形格网有关,也将影响最终的估算精度。

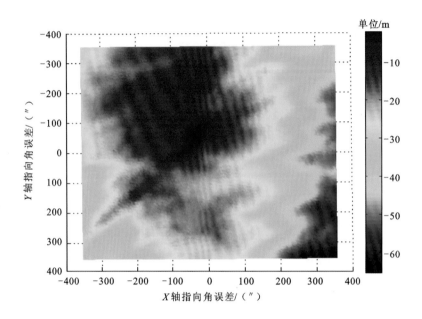

图 6.3　不同指向角误差时的激光足印点高程误差分布俯视图

6.2.2　基于地面探测器的精确几何检校

卫星激光测高系统的激光足印点定位精度受诸多因素影响,其中最主要的误差来源包括:硬件自身的激光测距误差、指向角误差以及地形起伏引起的误差,其中硬件自身的随机测距误差、因姿态测量误差而引起的激光指向误差以及地形起伏等造成的误差无法避免或精确标定,而测距误差中的系统差、激光指向角中的系统性安装误差则可以在 6.1节的基础上,通过地面布设探测器的方式进行精确检校。

目前的星载激光测高仪多采用发射的中心波长为 1 064 nm 的窄脉冲近红外激光器,因此,可以通过在地面布设一定范围的红外探测器捕捉到发射激光脉冲,如图 6.4 所示。图中 OA 为几何检校前计算出的激光束方向,A 所在虚线圆圈为根据初始指向角计算出的激光足印位置;而 OB 为实际的激光指向,B 所在实心圆圈为实际的足印光斑位置,处在该圆内的红外探测器将被击中而使红外探测器的 LED 光源发光,圆外的探测器因未被击中而不发光。OA 与 OB 的空间夹角即为激光测高仪的指向角偏差。

星载激光测高仪发射的激光脉冲属于窄脉宽,长度一般不超过 10 ns,如 GLAS 标称的发射脉冲长度为 6 ns,资源三号 02 星激光发射脉冲为 7 ns。在发射的激光脉冲经大气传输到达地面的过程中,会受到大气衰减、太阳背景噪声、远距离激光束的扩散等多方面的影响,因此,为有效捕捉到卫星发射到地面的激光脉冲信号,地面的红外探测器需要具有抗噪能力强、探测灵敏度高、带宽窄等多方面的特性。

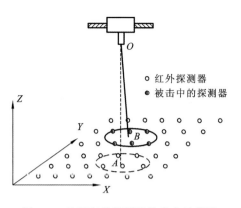

　　仅考虑大光斑卫星激光测高系统的单向传输,激光脉冲经大气传输到达地面时,其峰值功率

$$P_r = \frac{E_t T_t T_a A_r}{\tau S_g} \qquad (6.8)$$

图 6.4　地面红外探测器的分布示意图

其中:E_t 为激光测高仪的发射能量;τ 为激光脉冲宽度;T_t 为发射系统的光学透过率;T_a 为单程大气光学透过率;A_r 为地面探测器的接收孔径面积;S_g 为地面激光足印光斑面积;P_r 为地面探测器的接收峰值功率。

　　地面足印的光斑面积与卫星的高度或激光传输距离以及激光发散角的关系为

$$S_g = \pi (\rho\theta)^2 \qquad (6.9)$$

其中:ρ 为激光从卫星到地面的单向传输距离;θ 为激光发散角。

　　红外激光短脉冲被动探测器包括光学镜头、探测单元、控制单元和电源四个部分,其中探测单元是系统的核心部分,通过 PIN 管光电转换、前置放大、主放大、波形整形、脉冲展宽 5 个步骤实现从激光短脉冲到标准 TTL 电平的触发信号。为了对激光脉冲的能量空间分布进行捕捉显示,探测器还设置了 8 个不同的能量等级,即不同的入射能量驱动相应能级的 LED 显示,图 6.5 即为外业试验中实际用到的两种地面红外探测器设备,分别由武汉大学和中科院安光所负责研制。

图 6.5　外业实验中地面红外探测器

　　利用地面红外探测器阵列的强度数据,可以精确计算激光光斑的质心。计算过程如下,由于激光能量分布近似符合高斯椭圆方程,用数学公式表达为式(6.10),与式(2.4)等价:

$$I(x,y) = A\exp\left(-\frac{(x-x_0)^2}{2\delta_x^2} - \frac{(y-y_0)^2}{2\delta_y^2}\right) \tag{6.10}$$

其中：A 为激光能量的幅值；(x_0,y_0) 为激光足印的质心；δ_x^2、δ_y^2 分别为 x、y 方向上的标准差；$I(x,y)$ 为坐标 (x,y) 处的红外探测器强度数据。

对式（6.10）取对数得

$$\ln(I(x,y)) = \ln(A) - \frac{(x-x_0)^2}{2\delta_x^2} - \frac{(y-y_0)^2}{2\delta_y^2} \tag{6.11}$$

将式（6.11）展开为

$$z = ax^2 + by^2 + cx + dy + f \tag{6.12}$$

式中

$$\begin{cases} z = \ln(I(x,y)) \\ a = \dfrac{-1}{2\delta_x^2} \\ b = \dfrac{-1}{2\delta_y^2} \\ c = \dfrac{x_0}{\delta_x^2} \\ d = \dfrac{y_0}{\delta_y^2} \\ f = \ln A - \dfrac{x_0^2}{2\delta_x^2} - \dfrac{y_0^2}{2\delta_y^2} \end{cases} \tag{6.13}$$

对于红外探测器阵列，根据式（6.12）可以列出方程组

$$\begin{bmatrix} x_1^2 & y_1^2 & x_1 & y_1 & 1 \\ x_2^2 & y_1^2 & x_2 & y_2 & 1 \\ x_3^2 & y_3^2 & x_3 & y_3 & 1 \\ \vdots & \vdots & \ddots & \vdots & \vdots \\ x_n^2 & y_n^2 & x_n & y_n & 1 \end{bmatrix} \begin{bmatrix} a \\ b \\ c \\ d \\ f \end{bmatrix} = \begin{bmatrix} z_1 \\ z_2 \\ z_3 \\ \vdots \\ z_n \end{bmatrix} \tag{6.14}$$

解方程组（6.14），求得系数 a、b、c、d、f，进而得到激光足印的质心坐标为 $x_0 = -2c/a$，$y_0 = -2d/b$。

在基于地面红外探测器的激光测高仪在轨几何检校过程中，一个重要的因素就是红外探测器能否被激光击中并产生反应，如触发自身的 LED 光源发光作为被击中的信号指示。而地面探测器能被激光击中依赖于估算的激光足印点位置与最终实际位置的偏差要尽量小，激光足印点的实际位置与卫星轨道位置、姿态、激光指向角、测距精度等因素有关，其中卫星姿态和激光指向角与足印点的平面位置密切相关。对于500 km 轨道高的资源三号 02 星，激光指向角偏差 10″将引起地面约 25 m 的平面位置偏差。而且地面布设探测器需要一定的时间周期，因此，激光足印点的位置一般需要 24 h 的提前预测，其精度还取决卫星轨道和姿态指向的预测精度。根据实测结果，资源三号作为低轨卫星，24 h 轨道预报精度接近 50 m，而资源三号卫星姿态稳定度优于

5×10^{-4}°/s，姿态测量精度优于 0.001°。经上节中基于先验地形数据进行指向角几何粗检校后，激光指向角的理论精度优于 10″。综合计算下来，激光足印点预测的误差在 100 m（1σ）左右，如表 6.1 所示。如果按 ±3σ 作为置信区间，则在半径为 300 m 圆形或长宽为 600 m×600 m 的方形区域布设地面红外探测器，可以保证在地面捕捉到从卫星发射到地面的激光信号。

表 6.1　激光足印点平面位置预测精度分解表

参数	24 h 预测的精度指标	引起的激光足印点位置偏差
卫星轨道位置	50 m	50 m
卫星指向	0.01°	90 m
姿态测量精度	0.001°	约 9 m
安装角稳定度	1″	约 2.5 m
激光指向角	经地形粗检校后约 10″	约 28 m
激光测距精度	优于 1 m（坡度<2 °的平地）	近似天底指向时基本可忽略
中误差		99.31 m

考虑将安装误差吸收到激光指向角误差后，式（3.5）可变换为式（6.15）。

$$\begin{pmatrix} (\rho'+\mathrm{d}\rho)\sin(\theta+\mathrm{d}\theta)\cos(\alpha+\mathrm{d}\alpha) \\ (\rho'+\mathrm{d}\rho)\sin(\theta+\mathrm{d}\theta)\sin(\alpha+\mathrm{d}\alpha) \\ (\rho'+\mathrm{d}\rho)\cos(\theta+\mathrm{d}\theta) \end{pmatrix} = \begin{pmatrix} T_x \\ T_y \\ T_z \end{pmatrix} + \boldsymbol{R}^{-1} \left[\begin{pmatrix} X \\ Y \\ Z \end{pmatrix}_{\mathrm{WGS84}} - \begin{pmatrix} X_{\mathrm{GPS}} \\ Y_{\mathrm{GPS}} \\ Z_{\mathrm{GPS}} \end{pmatrix}_{\mathrm{WGS84}} \right] \quad (6.15)$$

其中：ρ' 为经大气延迟改正后的距离测量值；$\mathrm{d}\theta$ 和 $\mathrm{d}\alpha$ 为指向角系统误差改正值；$\mathrm{d}\rho$ 为测距误差系统性改正值，总共有 3 个独立的待求未知数，如果有两个激光足印点被探测到，则可以采用最小二乘法对三个未知数进行求解，得到精确的激光指向角和测距的系统性误差。

6.3　基于 GLAS 模拟数据的粗检校试验

为了深入验证基于先验地形数据和地形匹配的方法能否有效对激光指向角进行较精确的估算，使相关结论能为资源三号 02 星提供有力支撑，选择了 ICESat/GLAS 的实际数据，并模拟添加不同的指向角误差，然后进行基于地形匹配的估算，通过比较实际解算出的值和模拟时添加的角度值，来验证方法的正确性和可行性。在试验过程中，选取了 30 m 的 ALOS-AW3D30 以及 90 m 的 SRTM 数据作为先验地形数据，GLAS 数据为 2009 年 3 月 25 日的实际测高数据，提取其中的一段作为试验数据，如图 6.6 所示。

试验过程中，对 GLAS 数据在 X、Y 轴向的指向角分别模拟加入 10″、20″、30″、50″、70″ 以及 120″ 的不同误差，以 GLAS 轨道高度为 600 km 估算，1″ 的指向角偏差约引起 2.9 m 的平面位置误差，因此，上述指向角误差引起的平面误差约等于 30～360 m。同时因指向

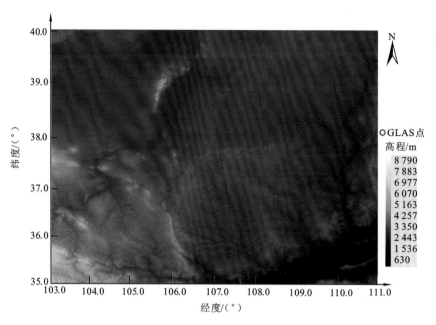

图 6.6　截取的一段 GLAS 激光足印点分布示意图

角误差也会引起高程误差,如图 6.7 所示,红色曲线代表原始 GLAS 真实数据,蓝色曲线代表地形数据,绿色曲线代表添加了指向角误差后的 GLAS 模拟数据。显著地,原始 GLAS 数据与地形数据套合程度非常高,而加入了指向角误差后的模拟数据在高程方向与真实地形存在较大偏差。

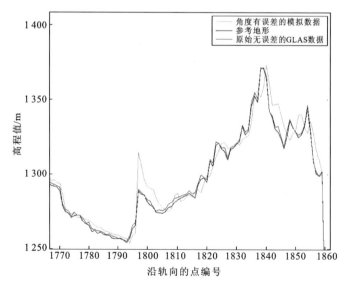

图 6.7　真实 GLAS 数据与指向角误差模拟数据以及地形数据坡面示意图

AW3D30 的格网大小为 30 m、SRTM 的格网大小为 90 m,对应指向角约为 10″和 30″,在进行地形匹配时,理论上角度估算误差应该为 0.5 倍地形格网大小,因此,步距选择了地形数据格网大小的 0.5 倍,即分别为 5″ 和 15″。试验中共采用 10″、20″、30″、50″、75″ 以及 120″ 等多种不同指向角误差,由于 SRTM 的格网约等于 30″,在指向角模拟误差小于 30″ 时,仅采用了 30 m 的 AW3D30 地形数据,大于 30″ 后对两种地形数据均进行了对比,试验结果如表 6.2 所示。

表 6.2　GLAS 激光点基于地形匹配计算的指向角误差统计表　　　　　（单位:″）

组别	轴向	误差模拟值	30 m-AW3D30		90 m-SRTM	
			计算值	差值	计算值	差值
第一组	X	10	10	0	/	/
	Y	10	15	5	/	/
第二组	X	10	10	0	/	/
	Y	20	25	5	/	/
第三组	X	20	10	0	/	/
	Y	10	15	5	/	/
第四组	X	20	10	0	/	/
	Y	20	25	5	/	/
第五组	X	30	30	0	40	10
	Y	30	35	5	60	30
第六组	X	50	50	0	60	10
	Y	50	55	5	80	30
第七组	X	75	75	0	90	15
	Y	75	80	5	105	30
第八组	X	120	120	0	130	10
	Y	120	125	5	105	30

考虑 GLAS 的重复频率为 40 Hz,而资源三号 02 星激光仅为 2 Hz,为了消除因点密度不同而引起的计算偏差,在试验中将 GLAS 点进行了抽稀,每间隔 19 个点取一个点,使参与计算的 GLAS 与资源三号 02 星的激光点间距相当,然后模拟不同指向角误差并进行了计算,结果如表 6.3 所示。即使被抽稀后,在基于地形匹配的过程中 GLAS 模拟数据依旧能较为准确地估算出激光指向角误差,只是估算的值与实际模拟时添加的误差值的偏差值比不抽稀时略大。如不抽稀时,基于 AW3D30 估算时 Y 轴偏差值为 5″,在点被抽稀后偏差值增大为 15″,说明激光点的密度对基于地形匹配计算的精确有一定影响。

表 6.3　采用抽稀后的 GLAS 激光点计算的指向角误差统计表　　　　　（单位:″）

组别	轴向	误差模拟值	30 m-AW3D30		90 m-SRTM	
			计算值	差值	计算值	差值
第一组	X	10	5	−5	/	/
	Y	10	25	15	/	/

组别	轴向	误差模拟值	30 m-AW3D30		90 m-SRTM	
			计算值	差值	计算值	差值
第二组	X	10	5	−5	/	/
	Y	20	35	15	/	/
第三组	X	20	15	−5	/	/
	Y	10	25	15	/	/
第四组	X	20	15	−5	/	/
	Y	20	35	15	/	/
第五组	X	30	25	−5	40	10
	Y	30	45	15	60	30
第六组	X	50	55	0	60	10
	Y	50	85	5	90	40
第七组	X	75	80	−5	85	10
	Y	75	90	15	110	35
第八组	X	120	115	−5	130	10
	Y	120	135	15	150	30

从上述试验结果可知,采用先验地形数据和地形匹配的思想可以有效估算出激光测高仪的指向角偏差,针对 GLAS 的模拟数据,每次都能较精确地计算出指向角误差值,计算的准确度取决于激光点的密度以及先验地形数据的格网大小和高程精度。如果采用 30 m 的 AW3D30 和 90 m 的 SRTM,指向角估算精度均约为 1.5 倍格网大小,有时误差也会优于 0.5 倍格网大小,但基本能控制在 1.5 倍的水平,而且垂轨方向误差会大于沿轨方向。在激光点间隔较小、密度更好的情况下,沿轨方向的估算精度会所有提高。如采用 30 m 的 AW3D30 时,参与计算时不抽稀 GLAS 点比抽稀后的结果要好,指向角估算偏差分别为 5″ 和 15″。

6.4 资源三号02星激光在轨几何检校试验

为了保证资源三号激光测高仪在轨几何检校的顺利进行,由原国家测绘地理信息局卫星测绘应用中心精心组织,武汉大学、黑龙江测绘地理信息局、陕西测绘地理信息局、内蒙古自治区测绘地理信息局、中科院安光所、航天五院、北京市遥感信息研究所以及苏尼特右旗人民武装部等多家单位的 100 余名工程技术人员协同参加,于 2016 年 8 月中旬到 9 月上旬在内蒙古自治区锡林郭勒盟苏尼特右旗等区域进行了多次在轨几何检校试验,并取得圆满成功。

在外场试验之前,经初步处理发现,实验室给定的原始激光指向角有较大偏差,激光足印点的高程比实际地形的高程值偏高,且明显地存在一定的系统性偏差。因此,为保证

外场试验的顺利进行,最终采用了两步法的检校方案,即首先用基于地形匹配的方法进行
粗检校,确保外场试验时激光足印点位预测的精度,然后利用地面探测器捕捉到的激光足
印光斑点进行精确检校。

6.4.1　资源三号 02 星激光测高数据原始精度

选取资源三号 02 星第一轨激光测高数据进行分析,该数据的轨道号为 382,获取时
间段为:2016 年 6 月 24 日 11:57:5 至 12:1:0.5,共有 472 个激光数据点,其中记录显示
为无效的激光点为 14 个,无效数据中"回波检测异常"共 13 个,"传输异常"1 个;记录为
有效数据的激光点共 458 个。采用原始数据进行处理和坐标解算,统计发现有 112 个点
高程值大于 10 000 m,98 个点高程值大于 20 000 m,经查询原始测距值,明显小于 500 km
的轨道高度,可确定这些激光点打在云层或距离错误,如表 6.4 所示。

表 6.4　第 382 轨激光测高数据的基本属性信息

数据	总数	判断类别	数量
无效数据	14	回波检测异常	13
		传输异常	1
有效数据	458	$H \leqslant 10\,000$ m	346
		$10\,000$ m$<H<20\,000$ m	14
		$H \geqslant 20\,000$ m	98
合计	472	—	472

图 6.8 为激光点在影像地图上的显示结果。其中高程大于 20 000 m 的数据基本位

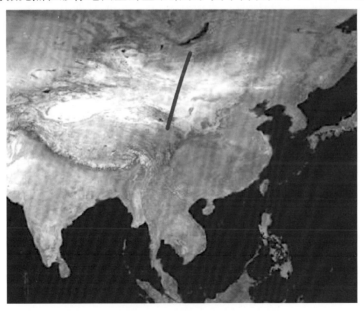

图 6.8　激光点在影像地图上的分布示意图

于甘肃和青海地区,查询激光工作时间段的卫星云图(图6.9),对比可以发现,高程偏大的激光点正好位于图中所示的云霾区域,激光测距信息受云霾影响比较明显。

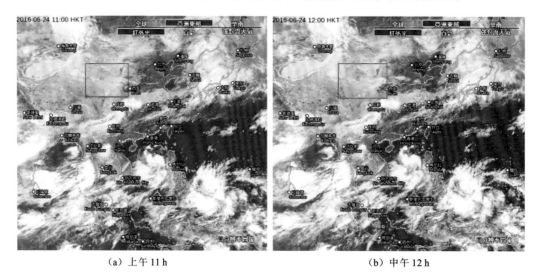

（a）上午11 h　　　　　　　　　　　　　　（b）中午12 h

图6.9　激光工作时间段的卫星云图

http://data.cma.cn/

　　剔除掉高程明显有问题的点后,利用激光足印点的经纬度坐标,从30 m格网的 AW3D30地形数据中内插出相应的高程值,将激光点的高程与DSM数据中的高程进行对比,两者沿轨方向的高程剖面如图6.10所示,其中红色代表激光足印点高程,蓝色代表从DSM数据中内插出的高程。高差分布的直方图如图6.11所示,明显地激光足印点高程高于DSM的高程值。经统计,高差的均值为96.219 m,说明02星激光测高仪原始指向角存在误差,而且数值明显偏大。

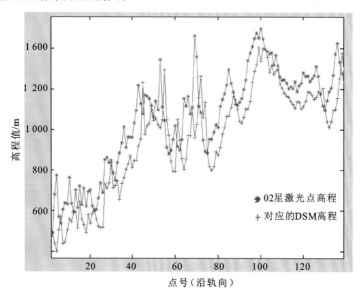

图6.10　资源三号02星第382轨部分激光足印点与DSM高程差异示意图

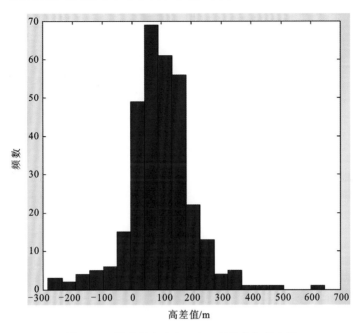

图 6.11　激光足印点与 DSM 高差分布直方图

选择第 1035 轨位于我国渤海海面的 69 个激光足印点进行统计,如图 6.12 所示。沿轨方向高程剖面分布如图 6.13 所示,其中均值为 110.905 m,标准偏差为 0.741 m。考虑海平面高程一般接近于 0,而该区域激光足印点的高程均值为 110 m,说明该轨激光足印点高程明显偏高,原始的激光指向角存在较大偏差,然而高程的标准偏差小于 1 m,说明多点的测距误差相对比较稳定,高精度几何检校后应该可以达到较高精度。

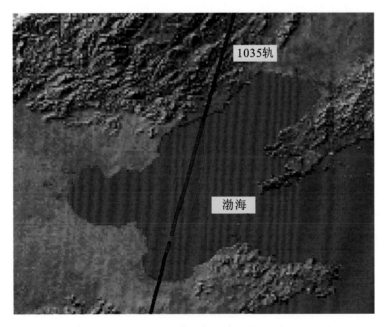

图 6.12　第 1035 轨激光足印点分布示意图

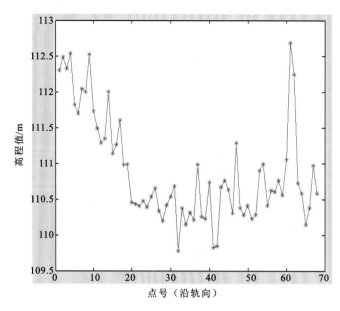

图 6.13 第 1035 轨海面部分激光足印点高程示意图

针对在轨几何检校前的资源三号 02 星激光测高数据,结合已有的地形数据或海面区域的激光点,发现其绝对高程值存在明显偏差,而且均偏大,说明该激光测高仪存在较明显的系统误差,必须进行精确的在轨几何检校,才能保证最终的高程精度。此外,在平坦表面高程具有一定程度的一致性,与其标称的 1.0 m 的测距精度指标基本相当,如第 1035 轨在海面的激光测高数据虽然均值偏大,但标准偏差仅为 0.741 m,说明其连续多点的测高误差相对比较稳定,经过在轨几何检校消除系统性误差后能获得比较好的精度。

6.4.2 资源三号 02 星激光测高仪两步法在轨几何检校

资源三号 02 星激光测高仪在轨几何检校中选择了两步法,第一步采用基于地形匹配的粗检校算法对激光指向角进行了预估,实现指向角误差较为准确的估算,确保外场试验时在地面能有效捕捉到激光足印光斑;第二步采用地面布设探测器阵列的方法捕捉到激光足印光斑,结合事先精确测得的地面探测器地理坐标,消除系统性误差,实现精确的几何检校,提高数据处理精度。

基于地形匹配的试验过程中,挑选了外业检校试验前连续多日的资源三号 02 星多轨激光测高数据,它们分别为 6 月 24 日第 382 轨、7 月 12 日的第 656 轨、7 月 29 日的第 914 和 915 轨、7 月 30 日的第 929 轨以及 7 月 31 日的第 944 和 945 轨共 7 轨试验数据,并收集了相应区域多种类型的地形参考数据,它们分别为 90 m 格网大小的 SRTM、25 m 的 ZY3-DSM、30 m 的 ALOS-AW3D30,其中第 656 轨收集了 5 m 分辨率的高精度 DSM 数据,试验数据的基本情况如表 6.5 所示,激光足印点点位分布如图 6.14 所示,右侧为局部放大图,相邻点间隔约 3.5 km。由于激光测高仪开机时长不一致,导致不同轨所获得的激光足印点个数并不一致。考虑部分点受云雾等影响比较严重而导致最终的高程精度存在较大误差,因此,在基于地形匹配的激光测高仪指向角粗检校前,采用已有的参考地形数据,按高差 100 m 作为阈值对受云雾影响大的激光点进行了剔除,保证参与计算的激光点的可靠性。

表 6.5　基于地形匹配的资源三号 02 星几何检校试验数据介绍

轨道号	总点数/有效点	获取时间	参考 DSM			
			90 m SRTM	30 m AW3D30	25 m ZY3-DSM	5 m DSM
382	473/458	6 月 24 日	√	√	√	
656	670/603	7 月 12 日	√	√	√	√
914	662/661	7 月 29 日	√	√	√	
915	724/720	7 月 29 日	√	√		
929	663/649	7 月 30 日	√	√	√	
944	816/810	7 月 31 日	√	√	√	
945	684/678	7 月 31 日	√	√	√	

约3.5 km

局部放大图

○ 激光点

图 6.14　外业检校前用于指向角预估的激光足印点分布示意图

对这 7 轨激光测高数据利用已有的参考地形数据进行基于地形匹配的指向角粗检

校,采用不同参考地形计算出的激光指向角系统误差结果如表 6.6 所示。其中 Z 轴的指向角按式(6.3)余弦平方和等于 1 计算而来。

表 6.6　多轨激光数据指向角优化结果　　　　　　（单位：°）

轨道号	参考地形	计算出的激光指向角		
		X 轴	Y 轴	Z 轴
382	90 m SRTM	89.960 00	90.006 70	0.040 55
	30 m ALOS-AW3D30	89.955 56	90.011 11	0.045 81
	25 m DSM	89.953 33	90.011 00	0.047 90
656	90 m SRTM	89.953 30	90.002 20	0.046 72
	30 m ALOS-AW3D30	89.951 11	90.006 67	0.049 34
	25 m DEM	89.958 33	90.006 90	0.042 24
	5 m DSM	89.949 17	90.017 50	0.053 76
914	90 m SRTM	89.957 78	90.002 20	0.042 28
	30 m ALOS-AW3D30	89.953 33	90.008 89	0.047 51
	25 m DSM	89.953 33	90.008 89	0.047 51
915	90 m SRTM	89.962 22	90.000 00	0.037 78
	30 m ALOS-AW3D30	89.951 11	90.006 67	0.049 34
929	90 m SRTM	89.955 56	90.011 11	0.045 81
	30 m ALOS-AW3D30	89.953 33	90.015 56	0.049 19
	25m DSM	89.951 11	90.013 33	0.050 68
944	90 m SRTM	89.960 00	90.002 22	0.040 06
	30 m ALOS-AW3D30	89.951 11	90.008 89	0.049 69
	25 m DSM	89.955 56	90.008 89	0.045 33
945	90 m SRTM	89.957 78	90.004 44	0.042 46
	30 m ALOS-AW3D30	89.951 11	90.008 89	0.049 69
	25 m DSM	89.953 33	90.006 67	0.047 14
	多轨数据均值	89.954 72	90.009 83	0.046 50
	5 m DSM 均值	89.949 17	90.017 5	0.053 76
	25 m ZY3-DSM 均值	89.954 16	90.009 28	0.046 80
	30 m ALOS-AW3D30 均值	89.952 38	90.017 5	0.050 74
	90 m SRTM 均值	89.958 32	90.009 52	0.043 06

　　表 6.6 中最后几行表示根据先验参考地形的格网大小,分别对 5 m 的 ZY3-DSM、25 m 的 ZY3-DSM、30 m 的 ALOS-AW3D30 以及 90 m 的 SRTM 统计多轨激光测高数据的指向角平均值。在此基础上,将由同一参考地形计算出的多轨激光指向角与平均值进行求差,计算出每一轨数据的指向角偏离平均值的实际大小,统计结果见表 6.7。

表 6.7　基于不同参考地形的多轨数据指向角与均值的差值　　　（单位：″）

参考地形	最大值与平均值的差值			最小值与平均值的差值		
	X 轴	Y 轴	Z 轴	X 轴	Y 轴	Z 轴
90 m-SRTM	14.846	25.745	16.138	−17.157	−14.267	−16.046
30 m-AW3D30	11.448	21.723	3.734	−4.572	−10.281	−10.234
25 m-DSM	14.994	14.520	13.968	−10.998	−9.456	−16.416

　　从表 6.7 中可以看出，随着参考地形数据的格网变小，计算出的 Y 轴方向指向角更稳定，即不同轨的指向角与平均值的偏差会随着 DSM 格网变小而减小，在 X 轴方向这个规律相对不是很明显。但总体而言，90 m SRTM 计算出的多轨激光指向角的相互偏差比 30 m AW3D30 和 25 m DSM 的结果明显大，而后两者之间因格网大小比较接近差异不是很明显。

　　虽然从多轨数据统计结果来看，指向角的计算结果相对比较稳定，但毕竟相互之间仍存在一定差异，因此，在实际指导外业场地布设地面探测器时，为保险起见，第一次试验中采用了多轨数据计算的指向角的总平均值作为预测值，同时扩大探测器布设范围（约 600 m×800 m），以保证能在地面准确捕捉到卫星发射的激光脉冲信号，如图 6.15 所示。

图 6.15　外业检校场激光探测器布设情况

　　资源三号 02 星在 2016 年 8 月 9 日、14 日和 29 日共 3 次分别经过试验区，对应激光测高仪的第 1081 轨、1157 轨和 1385 轨数据，共有 3 个激光足印点被有效探测到。图 6.16 为外场一个激光足印光斑被有效探测的发光示意图，圆圈中的数字代表红外探测器发光显示的能级，每个格网大小 20 m。可以采用式（2.3）或式（2.4），利用高斯曲面拟合的方法求得波峰点，即能量最强处的中心点位置。从图 6.16 可以看出，光斑能量更符合椭圆型高斯分布，因此，最终选择 6.2.2 小节最小二乘法拟合求得椭圆型高斯曲面的参数

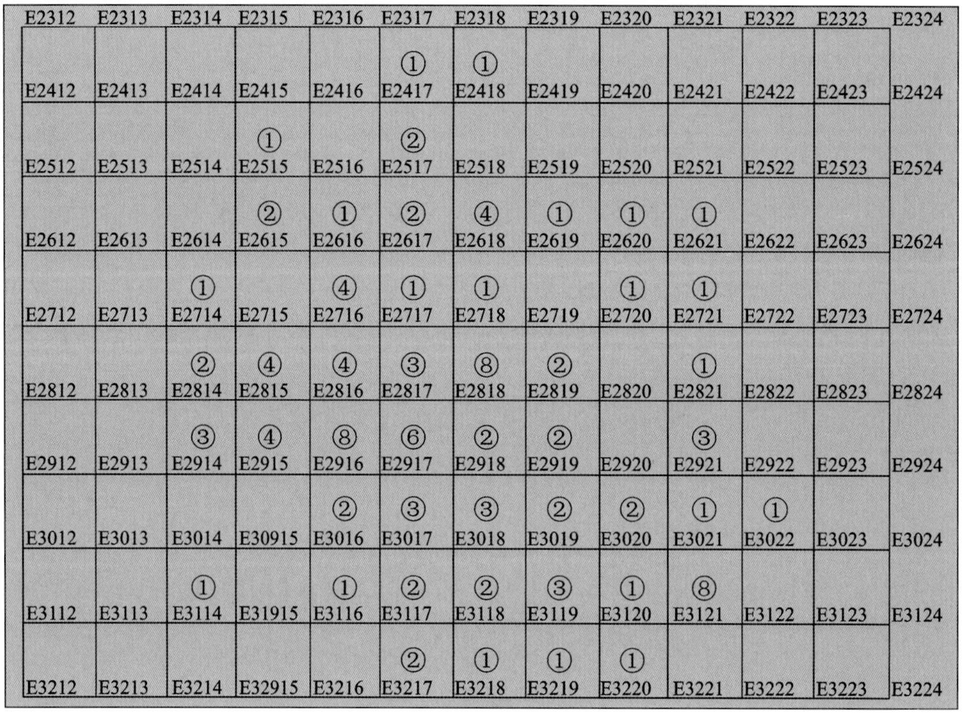

E2312	E2313	E2314	E2315	E2316	E2317	E2318	E2319	E2320	E2321	E2322	E2323	E2324
E2412	E2413	E2414	E2415	E2416	①E2417	①E2418	E2419	E2420	E2421	E2422	E2423	E2424
E2512	E2513	E2514	①E2515	E2516	②E2517	E2518	E2519	E2520	E2521	E2522	E2523	E2524
E2612	E2613	E2614	②E2615	①E2616	②E2617	④E2618	①E2619	①E2620	①E2621	E2622	E2623	E2624
E2712	E2713	①E2714	E2715	④E2716	①E2717	①E2718	E2719	①E2720	①E2721	E2722	E2723	E2724
E2812	E2813	②E2814	④E2815	④E2816	③E2817	⑧E2818	②E2819	E2820	①E2821	E2822	E2823	E2824
E2912	E2913	③E2914	④E2915	⑧E2916	⑥E2917	②E2918	②E2919	E2920	③E2921	E2922	E2923	E2924
E3012	E3013	E3014	E30915	②E3016	③E3017	③E3018	②E3019	②E3020	①E3021	①E3022	E3023	E3024
E3112	E3113	①E3114	E31915	①E3116	②E3117	②E3118	③E3119	①E3120	⑧E3121	E3122	E3123	E3124
E3212	E3213	E3214	E32915	E3216	②E3217	①E3218	E3219	①E3220	E3221	E3222	E3223	E3224

图 6.16　被激光脉冲击中的地面探测器发光分布示意图

信息,取高斯曲面的中心点平面位置作为光斑的中心。

试验过程中还综合观测检校区的大气参数,并基于观测的大气参数对激光测距的大气延迟进行了修正,利用潮汐模型对激光足印点的潮汐影响进行了修正。同时对指向角检校前、基于地形的粗检校、基于地面探测器的精检校的激光足印点平面和高程精度进行了对比分析,其中检校前为采用卫星总体在实验室测量的原始结果,粗检校为采用了6.2.1 小节基于地形匹配方法的结果,精检校为采用被击中的红外探测器和 6.2.2 小节的方法计算的结果,相关检验结果见 6.4.3 小节。

6.4.3　检校后几何精度验证

采用多种方法对资源三号 02 星激光测高仪几何检校后的足印点几何精度进行验证。由于平面精度验证比较困难,采用的是被击中的探测器作为检查点,即将被击中的探测器的位置作为激光足印点的真实位置,分别统计定标前后平面位置的偏差,3 个被击中的探测器 A6809、E2818、W1909 的平面位置误差统计如表 6.8 所示,粗检校结果为采用了90 m-SRTM 计算的指向角,精检校后平面精度基本可以到优于 15 m 的水平。但由于平面精度检验的样本有限,其精度的可靠性以及稳定性还有待深入地分析验证,但对于大光斑激光足印点作为高程控制点应用而言,目前 15m 的水平精度在足印点光斑为平坦地形时基本可以满足应用需求。

表 6.8　检校前后被探测到的激光足印点平面位置误差统计表　　　　（单位：m）

点号	与红外探测器平面位置偏差		
	检校前	粗检校	精检校后
A6809	8 066.290	95.460	12.458
E2818	8 047.110	86.340	16.613
W1909	8 065.100	84.870	14.910
中误差	8 059.505	89.013	14.759

同时为了验证基于地形匹配计算出的激光指向角的精度，针对不同格网大小地形数据，针对 E2818 点探测器采用原始指向角、90 m-SRTM 指向角均值、30 m-AW3D30 指向角均值、25 m-DSM 指向角均值、5 m-DSM 指向角以及总的指向角均值对平面位置残差进行了统计，结果如表 6.9 所示。在检校前，原始指向角导致北向存在很大偏差，与卫星 1 s 的飞行速度接近，但经多轨数据复合检测证明并不是时间同步的问题。采用地形检校后，平面精度有较大提升，且提升精度与地形格网大小相关，如 90 m-SRTM 时平面精度可到 86 m 左右，但采用 5 m-DSM 后平面精度可到 28.8 m，等效于约 10″ 的指向角误差，与表 6.1 中的指向角预估精度指标相呼应。

表 6.9　不同格网 DSM 计算出的指向角对应的探测器的平面误差　　　（单位：m）

E2818 点	残差		
	东向	北向	平面
原始指向角	1 967.73	7 802.81	8 047.11
90 m-SRTM 指向角均值	−55.36	66.25	86.34
30 m-AW3D30 指向角均值	−56.29	27.18	62.51
25 m-DSM 指向角均值	−65.39	30.73	72.26
总的平均指向角	−56.01	44.47	71.51
5 m-DSM 对应的指向角	−4.01	−27.99	28.28

为进一步验证检校后的资源三号 02 星激光足印点与地形的复合精度以及高程相对精度，对第 382 轨及 1035 轨数据位于海面的激光足印点大地高进行了统计。第 382 轨激光检校前后高程剖面分布如图 6.17 所示，绿色代表检校前计算出的高程值，红色代表检校后高程值，蓝色代表地形参考数据。可明显地看出检校后，激光足印点高程剖面与参考地形基本一致，几何检校取得了较好的效果。

由于 1035 轨试验区选择的海面，而海面一般统计大地水准面高程，即正高，对该处的大地水准面差距也进行分析，如图 6.18 所示。显著地，该区域检校后激光足印点高程与大地水准面差距非常接近，而且变化趋势也基本一致。

根据大地高和大地水准面差距计算相应的大地水准面高程，即 2.2 节中提及的正高 H_g。选取中间的 20~50 号点，对应的高程剖面如图 6.19 所示。

该轨数据在海面上的激光足印点高程均值为 −0.224 m，标准偏差为 0.468 m，最大

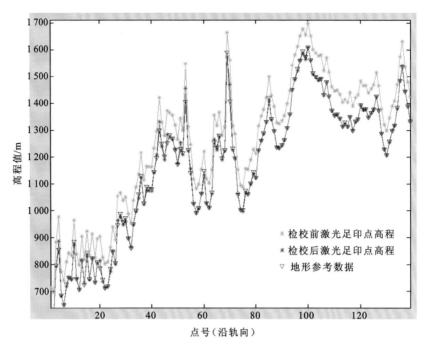

图 6.17　第 382 轨激光足印点检校前后与地形参考数据高程示意图

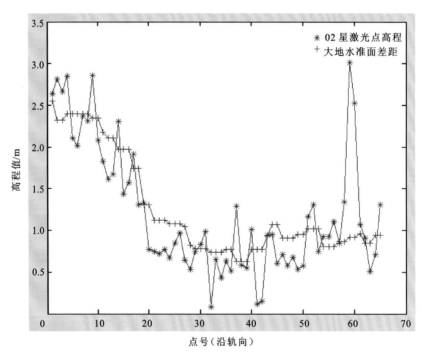

图 6.18　检校后第 1035 轨海面激光足印点高程剖面示意图

与最小高程相差 1.316 m。按常识,海面的正高(大地水准面高)应该为 0 或接近于 0,而该区域的激光足印点均值为 −0.224 m,与 0 m 非常接近,且标准偏差为 0.468 m,说明绝

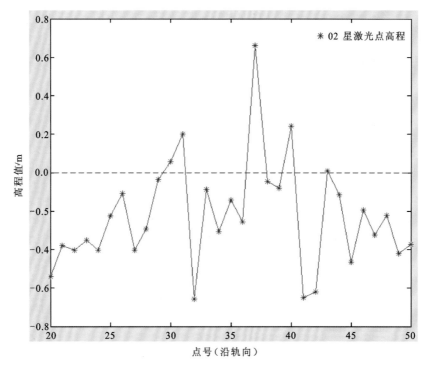

图 6.19 检校后 1035 轨海面上部分激光足印点正高剖面图

对精度和内部相对精度都比较高,最大与最小高差在 1.316 m,可能是海浪的影响,总体与 02 星标称的 1 m 精度水平基本相当。

为进一步验证检校后激光足印点绝对高程精度,选择了 1081 轨的检校区附近平坦地形,采用根据检校后计算的激光足印点的平面经纬度坐标,在野外用高精度的 RTK-GPS 测量方式,获得精度优于 5 cm 的控制点,将计算出的激光足印点高程与野外实测点的结果进行对比,统计结果如表 6.10 所示。

表 6.10　第 1081 轨检校区附近部分激光足印点高程误差统计表　（单位:m）

点号	与 RTK-GPS 高程偏差		
	检校前	粗检校	精检校后
311	90.45	2.52	0.28
310	90.19	2.25	0.55
317	90.180	2.260	0.280
316	90.230	2.290	0.320
313	91.510	3.580	1.600
312	90.320	2.380	0.410
309	90.610	2.650	0.670
308	90.990	3.030	1.050

点号		与 RTK-GPS 高程偏差		
		检校前	粗检校	精检校后
统计值	最大误差	91.510	3.580	1.600
	最小误差	90.180	2.250	0.280
	中误差	90.561	2.656	0.898
	均值	90.560	2.620	0.645
	标准偏差	0.471	0.468	0.465

与高精度的 RTK-GPS 测量值进行比较,检校前该区域的 8 个激光足印点高程中误差为 90.561 m,检校后高程中误差为 0.898 m,均值为 0.645 m,标准偏差为 0.465 m,其中有 6 个点高程中误差优于 0.7 m,余下的也分别为 1.05 m 和 1.60 m,相关指标与资源三号 02 星试验性激光测高仪的技术指标相当,与 5.3 节的理论误差分析结果也基本一致。从表 6.8 中检校前的精度可知,资源三号 02 星激光指向角的实验室原始测量值有很大的误差,而且是显著的系统性的常数误差,平面偏差基本在 8 km 左右,而经过几何检校后可以大幅提高激光测高仪指向角精度,检校后平面位置误差可到 15 m 左右,表 6.10 则表明高程精度在平坦地区基本能够从原始的 90 m 提高到优于 1.0 m。

第7章　卫星激光高程控制点自动提取及数据库建设

对于测绘领域而言,卫星激光测高数据的一个重要用途是获得全球高精度的高程控制数据,满足控制点难以获得地区的高精度测图需求。但由于受大气、植被、复杂地形等多种因素影响,并不是所有的激光足印点都能作为高程控制点使用,如何进行激光高程控制点自动、精确提取就成为比较紧迫的问题。本章详细研究激光高程控制点的自动提取以及全球广义激光高程控制点数据库构建方法,提出一种多参数多准则约束的激光高程控制点自动提取算法,基于公开的全球地形数据、激光测距属性特征参数、波形特征参数以及信噪比等能有效确保筛选后的激光足印点的绝对高程精度;引入广义激光高程控制点的概念,同时对数据库的总体设计以及结构设计进行介绍,并选取两个区域对 GLAS激光数据提取后的广义高程控制点的精度进行验证,结果表明筛选后的激光高程控制点绝对高程精度优于 1.0 m,完全能满足 1:50 000 立体测图的控制数据要求,充分说明控制点提取算法的可行性和正确性。相关结论对于后续国产激光测高卫星的发展和应用具有一定的参考作用。

7.1　国内外研究现状

在采用星载激光测高仪获取全球高精度高程控制数据方面,美国走在了前列。早在1997 年和 1999 年,美国先后采用航天飞机 SLA-1 和 SLA-2 进行了两次飞行试验,通过搭载用于火星探测的 MOLA 激光测高仪备份件,获得了南北纬 57°范围内的全球高程控制点数据,地面激光点的足印大小为直径 100 m,沿轨方向点间距约 700 m,测高精度约1 m(Garvin et al.,1998),如图 1.3 所示,其中近赤道区域为 SLA-01 激光足印点。在2003 年发射 ICESat/GLAS 后,Carabajal 等用 ICESat 建立了全球大地控制数据库,用于评价全球地形数据的精度、作为高程参考提高 InSAR 数据的高程测量精度(Carabajal et al.,2010a,2010b;Huber et al.,2009)。

经过多年的努力,原国家测绘地理信息局卫星测绘应用中心已经建成覆盖全国的1:50 000 控制点数据库,采用的是已有的比例尺更大的国家基础地理信息成果图中的DOM 影像片,能基本解决 1:50 000 的全国正射影像图快速生产问题(喻贵银 等,2014;李国元 等,2014a),但高程控制的来源、覆盖范围、数据质量等方面还存在一定瓶颈(张重阳,2015;张重阳 等,2014),覆盖全球的我国自主激光测高卫星高程控制库更是处于空白状态。李国元等(2014b)采用筛选后的 GLAS 激光点作为高程控制点,初步证明能有效提高资源三号立体影像的无控高程精度。Duong 等(2009)选择多个参数有效剔除 GLAS数据中高程误差较大的点,并利用高精度的机载 LIDAR 数据进行了结果精度分析,表明筛选后的 GLAS 点可以作为高程控制数据使用。Gonzalez 等(2010)对 GLAS 高程控制点的提取准则作了研究,提出了相应的约束条件,并指出结果能为 TanDEM-X 提供系统误差改正时的高程参考。

7.2　多参数多准则约束的激光高程控制点自动提取方法

7.2.1　基于公开地形数据的激光足印点粗差剔除

目前全球公开版的地形数据包括 GTOPO30-DEM、ASTER-GDEM、SRTM90、ALOS-AW3D30 等,其他的诸如 WorldDEM™ 及 ALOS-AW3D(5 m 分辨率)等全球地形数据不能免费获得。由于全球 DEM 高程精度具有较高的一致性和可靠性,可将其作为激光足印点高程粗差剔除的参考数据使用。

SRTM 由美国国家宇航局及国家地理空间情报局(National Geospatial Intelligence Agency,NGA)采用 2000 年 2 月发射的"奋进号"航天飞机,共飞行了 11 天,通过多波段雷达进行干涉测量的技术手段,获得南北纬 60°间约占全球 80% 陆地面积的地形数据。目前公开版的 SRTM 格网大小约 90 m,官方公布的高程精度优于 16 m,平面精度优于 20 m,坐标参考系为 WGS84,高程基准为 EGM96 大地水准面(Dean et al.,2006;Brown et al.,2005)。

ASTER-GDEM 由美国国家宇航局和日本经贸产业部(the Ministry of Economy, Trade,and Industry,METI)联合采用 ASTER(advanced space-borne thermal emission and reflection radiometer)全球光学立体影像生产而成,于 2009 年 6 月发布,覆盖全球南北纬 83°之间的区域,其格网间隔约 30 m,标称的高程精度约 20 m,平面精度约 30 m (Tachikawa et al.,2011)。

ALOS-AW3D30 由日本宇宙航空研究开发机构,利用 ALOS 卫星上搭载的全色三视立体观测传感器 PRISM(panchromatic remote-sensing instrument for stereo mapping)影像,经立体测绘而成,于 2016 年 5 月对外发布。其格网间隔约 30 m,标称的绝对高程精度为 5 m,平面精度约 15 m(Tadono et al.,2016)。由于其分辨率较好、高程精度高、覆盖范围大,本节选择 ALOS-AW3D30 作为参考数据,用于激光足印点的粗差剔除,但是 AW3D30 地形数据在某些地区存在空洞,如图 7.1 中黑色区域所示,此时需要选择 SRTM90-DEM 作为补充,在高纬度区域也可用低精度的 ASTER-GDEM 或 GTOPO30-DEM 代替。

在大气透过率良好、地形平坦、没有植被影响的情况下,卫星激光测高的地面足印点高程精度可以达到很高,如 ICESat/GLAS 可达优于 0.15 m 的水平。但当激光脉冲在传输过程中受云、气溶胶以及复杂地形环境影响时,其精度会有明显的下降甚至出现高程完全错误。考虑卫星激光测高的地面足印点大小直径一般为几十米,如 GLAS 地面足印点直径约 70 m,平面精度约 10 m,因此,可以直接按激光足印的平面坐标在 AW3D30 中内插出高程值,然后与激光足印点高程进行比较。

$$|H_i - H_{\mathrm{DEM}}| < 3\sigma \tag{7.1}$$

式中:H_i 为激光足印点的高程值;H_{DEM} 为从参考地形数据中根据激光足印位置内插出的

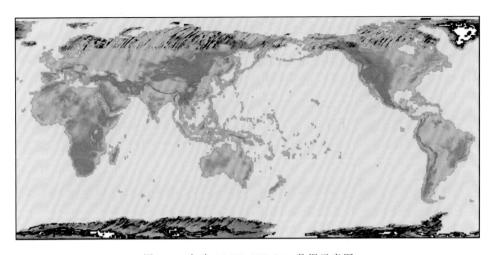

图 7.1　全球 ALOS-AW3D30 数据示意图
http://www.eorc.jaxa.jp/ALOS/en/aw3d30/data/index.htm

高程值,对于高程较差绝对值大于 3σ(σ 为参考地形数据的绝对高程精度)的点,即可作为粗差点进行剔除,这样可有效保证受云、雾霾、复杂地形等影响严重的无效点或高程精度明显不高的激光足印点被剔除掉。

ICESat/GLAS 数据的高程参考基准为 TOPEX/Poseidon 椭球下的大地高,AW3D30 的高程基准为 GRS80＋EGM2008,而 SRTM 数据高程基准为 WGS84＋EGM2008,因此三者之间存在一个转换的问题。表 7.1 显示了三种不同的椭球的基本参数,可以看出 WGS84 与 GRS80 椭球基本一致,TOPEX/Poseidon 与 WGS84 主要在椭球半轴长上相差约 0.7 m。李建成等(2008)研究指出,地面上同一点在 WGS84 椭球和TOPEX/Poseidon 两种不同椭球上进行坐标转换时,在经、纬度方向的改正可忽略,可只考虑修正高程值,采用经验公式(7.2)高程转换误差可控制在毫米量级。

$$\begin{cases} dh = -\cos^2 B da - \sin^2 B db \\ H_G = H + dh \end{cases} \tag{7.2}$$

其中:B 是纬度;da、db 表示的是 WGS84 椭球和 TOPEX/Poseidon 椭球长轴和短轴之间的差异;dh 为高程变换修正值;H、H_G 分别表示的是 GLAS 变换前、后的高程值。

表 7.1　三种不同椭球基本参数对比

椭球参数	TOPEX/Poseidon	WGS-84	GRS80
长半轴 a/m	6 378 136.3	6 378 137	6 378 137
短半轴 b/m	6 356 751.601	6 356 752.314 245	6 356 752.314 1
偏心率 e	1/298.257 000 00	1/298.257 223 56	1/298.257 222 101
扁率 f	0.081 819 221	0.081 819 191	0.081 819 191

为了将 GLAS 转换后的大地高和 ALOS-AW3D30 或 SRTM 的高程值进行比较,可利用公开的 EGM2008 大地水准面模型,利用式(2.12)计算正高。

7.2.2　激光测距属性参数约束的粗粒度筛选

对地观测的激光测高卫星接收的激光脉冲信号需要往返经过地球大气层,正常情况下大气分子及气溶胶等会对激光脉冲产生散射、能量衰减、光斑漂移、波形展宽等多重影响。其中,地表的高反射率和云层的后向散射等会引起回波波形过饱和,前向散射引起回波波形变形,使得测距精度下降;此外,卫星姿态的机动调整以及太阳能帆板振颤等也会使激光束的指向精度下降,最终影响激光足印点的几何定位精度。因此,为了保证激光足印点坐标的有效性和精确性,需要引入硬件增益值、卫星姿态可靠度、云量、地表反射率、波形饱和度、信噪比等多种参数进行描述,同时设定一定的阈值进行筛选,使最终保留下来的是有效且精度较高的激光足印点(李国元 等,2017a)。

本节针对 ICESat/GLAS 数据,在有关文献研究基础上(Gonzalez et al.,2010;Duong et al.,2009),进一步深入地综合采用 GLAS 数据产品中多个质量评价指标,对经粗差剔除后的激光足印点进行进一步的筛选,保证提取后激光足印点质量的可靠性。相关参数包括:高程可用性标记参数(i_ElvuseFlg)、姿态质量指标参数(i_sigmaAtt)、饱和度改正参数(i_satCorrFlg)、地表反射率参数(i_reflctUncor)、大气散射增益参数(i_gval_rcv)以及云量描述参数(i_FRir_qaFlag)等 6 种参数,并在此基础上附加了信噪比参数 SNR(signal noise ratio)。

在 NSIDC 发布的 GLA14 数据产品中,对每个激光足印点的高程可用性进行了 0 或 1 的二值标记,同时用饱和度改正标记(i_satCorrFlg)和饱和度高程改正值(i_satElevCorr)表示高程受信号饱和影响的程度,其中饱和度改正标记为 0 或 1 的表示可忽略,2 表示需要进行高程值的饱和改正,其他值表示数据不可用。为了保证激光足印点的绝对高程精度,本节选择了仅保留饱和影响可忽略的激光点。GLA14 中还对 GLAS 测高数据的姿态测量质量进行了标记,i_sigmaAtt 值等于 0 时表示数据良好,等于 50 表示可能因帆板抖动等影响存在一定姿态误差警告,等于 100 则表示质量很差基本不可用,本节中只选择保留了 i_sigmaAtt=0 的激光点。此外,在正常情况下,激光足印点的反射率应该小于 1,反射率过大的点一般信号存在饱和或异常,因此,利用反射率参数(i_reflctUncor)也可以用来剔除 GLAS 数据中的异常激光点,文中选择保留反射率小于或等于 0.5 的 GLAS 激光足印点。

GLAS 激光脉冲受到云层或水蒸气等大气成分引起的散射作用时,波形会发生拖尾等变形,回波信号能量也会减弱,最终影响激光足印点的高程测量精度。而增益值参数(i_gval_rcv)和接收激光脉冲的能量成反比,因此,可以利用 GLAS 数据产品中的增益值参数剔除受到大气散射等作用影响的数据。此外,在 GLAS 的产品中用云量描述参数(i_FRir_qaFlag)表示在激光工作区域内的天空云量,并约定 i_FRir_qaFlag=15 时表示完全无云,若小于 15 则表示有一定云量。由于云层对激光测距的影响比较复杂,为了保证最终保留的激光高程控制点的绝对精度,本节只保留无云时工作的激光足印点。

上述与 GLAS 相关的参数基本由其发布的产品数据直接给出,但对于国产卫星而言,相关参数需要经过处理获得,其中饱和度参数、增益值参数等与激光回波信号的信噪比密切相关。为了进一步确保激光测距精度足够好,本节引入了信噪比作为筛选条件。如前所述,信噪比是衡量激光测距精度的一个非常重要的指标,在低信噪比条件下,即使回波波形非常规则、各项信号接收正常,但对测距精度影响非常大,将导致激光足印点的最终测高精度无法保证。

信噪比与测距精度的对应关系在式(2.5)进行了阐述。进一步地,当发射脉宽为 7 ns 时,如果要保持 0.15 m 的激光测距精度,SNR 应不小于 49,如果要求测距精度达到 0.3 m,则 SNR 应不小于 12.25。因此,在仅有波形数据的情况下,如何定量地计算出信噪比非常关键。Nie 等(2014)介绍了两种计算信噪比的方法,并采用信噪比分析方法,对 GLAS 数据根据时间、地表覆盖类型、地形起伏、激光器等不同情况下的数据质量进行了统计研究,证明信噪比是表征激光测高数据质量的一个重要指标。两种计算信噪比 SNR 的方法分别如式(7.3)和式(7.4),从计算效率的角度,推荐采用第二种。

$$SNR = 10 \times \lg \left(\frac{\sum\limits_{i=1}^{N} f^2(i)}{\sum\limits_{i=1}^{N} (s(i) - f(i))^2} \right) \qquad (7.3)$$

其中:$s(i)$ 为含有噪声的信号;$f(i)$ 为原始干净的信号。

$$SNR = 10 \times \lg \frac{I_{max} - B}{\sigma} \qquad (7.4)$$

其中:I_{max} 为回波波形强度的最大值;B 为背景噪声的平均值;σ 为噪声的标准差。

7.2.3　回波波形特征参数约束的精细化提取

虽然经过多种测距属性参数进行约束,筛选后的激光足印点能保证一定的精度,但是由于卫星激光测高的地面激光足印一般为大光斑,如 GLAS 的激光足印光斑直径约 70 m,此时单一的高程值无法精确表达足印内复杂地形地物信息。如果足印内地形有一定粗糙度、坡度起伏或有建筑、植被等地物时,仅有单一高程值的这些点用作高程控制点时其精度和可靠性都会大打折扣。图 7.2 所示的 GLAS 激光足印点光斑正好位于地势平

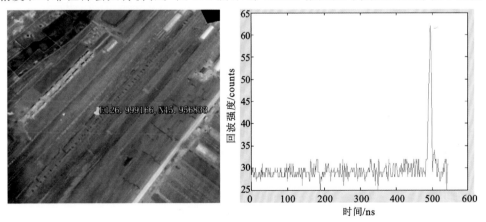

图 7.2　落在地形平坦区域的 GLAS 数据点及其回波波形

坦区域,图7.3所对应的GLAS激光足印点则位于植被茂密区域,显然后者不能作为高程控制点使用,而大光斑激光回波信息中包含了一定的地形特征信息及地物信息,如波形的展宽与足印内地形粗糙度及起伏有关,波形的波峰数与地物高程分布层级有关,因此,为了精细化提取高精度、高可靠的激光高程控制点,还需要依赖激光回波波形信息进行深入分析。

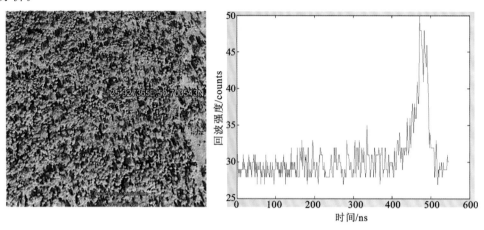

图7.3　植被茂密区的激光足印回波波形及影像示意图

如第3章所述,对于基模高斯模式的大光斑回波波形仍然可以采用高斯函数进行拟合分析,只是对于复杂的地形需要多个高斯函数进行组合才能达到最佳拟合效果。直观地,如果激光回波波形为单峰且展宽在一定范围内,则其对应的地形是平坦的水平面或坡度起伏很小的斜面。式(3.10)对回波波形脉宽与发射波形脉宽、激光发散角、卫星高度等参数的关系进行了定量描述。根据脉宽τ的定义:脉冲峰值降低至一半时所对应的两个时刻差FWHM,可得高斯函数的标准差σ与脉宽τ的关系为

$$\sigma = \frac{1}{\sqrt{2\ln 2}}\tau \tag{7.5}$$

结合式(3.16),按GLAS的有关参数进行估算,其中发射脉宽τ_f为6 ns,σ_h约1 ns,θ约110 urad,h约600 km,地面足印大小约66 m。如果地面足印光斑内的地形起伏不超过0.5 m,则S约为0.007 rad,根据式(3.10)可求得回波波形脉宽τ_s约为6.8 ns,由式(5.4)可得$\sigma = 2.89$ ns;进一步地,如果地面足印光斑内地形起伏约1.0 m,则τ_s约为7.5 ns,$\sigma = 3.2$ ns。因此,在设定信噪比阈值的前提下,可以通过限定回波波形仅为单峰且拟合后的高斯函数标准差$\sigma \leqslant 3.2$ ns,提取出高程精度优于1.0 m的激光足印点作为高程控制点。

资源三号02星的激光测高数据,由于没有全波形记录功能,仅有测距信息和比较简单的测距属性信息,如回波检测异常、传输异常等基本参数,仅能根据基本的测距数据参数筛选掉无效点,然后计算出激光足印点三维坐标后,结合地形参考数据剔除掉误差点。综合考虑参考地形数据的格网大小、绝对高程精度、覆盖范围等,本节主要采用30 m的AW3D30地形数据作为参考,保留高差小于2.0 m和5.0 m两种精度的02星激光足印点。

7.3　全球广义激光高程控制点数据库设计

7.3.1　广义激光高程控制点

卫星遥感具有不受国界限制、远距离、大范围对地观测的特点,在获取全球地理信息方面具有独特的优势。目前,自然资源部正围绕"一带一路"等重大战略需求,逐步开展全球地理信息资源建设,并在"十三五"规划中明确提出"全球地理信息资源开发"是五大核心任务之一。由于国外地区无法入境实地获得卫星遥感影像高精度立体测图所需的控制点数据,如何确保境外地区高精度立体测图成为一个难点问题。

围绕全球测图,国外已经开展了大量的工作。虽然国外卫星在无控定位精度方面比国内有一定优势,但国外在开展诸如 GeoCover-2000、SRTM-DEM、WorldDEM™ 依然用到地面控制数据,其中 GeoCover-2000 在欧洲大陆的影像就是通过与有关国家合作收集了部分高精度地面控制数据,WorldDEM™ 则采用高精度的激光测高数据 ICESat/GLAS 作为高程控制辅助提高其最终的高程精度。日本最新发布的由 ALOS 立体影像生产的全球高精度 DEM 数据,也采用了已有的 ICESat/GLAS 历史激光测高数据提高其绝对高程精度,其官方公布全球 30 m 的 DEM 绝对高程精度可达 5.0 m(Tadono et al.,2016)。国外的这些成功例子说明控制数据在全球范围高精度测图中具有的重要作用。

卫星激光测高仪可有效获取覆盖全球的控制数据,由于其具有较高的高程测量精度,可以作为高程控制点使用。然而,由于测高卫星发射的激光脉冲在地表对应的光斑较大,以 ICESat/GLAS 为例,其足印光斑直径约 70 m,已经显著区别于传统意义上的"点"。十多年前,张祖勋院士创造性地提出了"广义点摄影测量"的概念,并在航空、近景摄影测量领域得到广泛应用(张祖勋 等,2005)。为此,引入"广义激光高程控制点",用来表示卫星激光测高仪获得的高程一致或具有一定规律的特征"面"的大光斑激光足印点。广义激光高程控制点是卫星激光测高的一个重要产品形式,主要用于可见光立体影像、InSAR 等数据的高程控制,也可用于大范围的 DEM 数据精度验证、极地冰盖高程变化监测、湖泊水位变化监测等方面,具有十分重要的应用价值(图 7.4)。

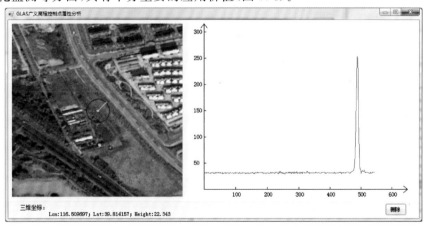

图 7.4　广义激光高程控制点对应的足印影像和波形信息

在获得精确激光足印点三维坐标的基础上,结合公开版的全球数字高程数据、激光足印影像、激光测距属性参数、回波波形特征参数分析,利用 7.2 节中所述的多参数多准则约束的激光高程控制点自动提取方法,可有效提取广义激光高程控制点,提取的技术流程如图 7.5 所示。

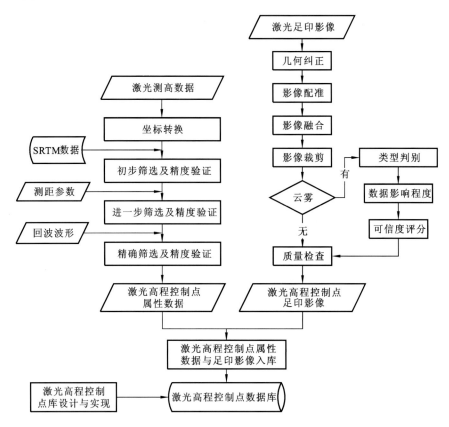

图 7.5 激光高程控制点自动提取及数据库建设流程图

7.3.2 数据库总体设计

1. 数据库设计原则

数据库的设计通常是数据库生命周期中非常关键的步骤,数据库设计得不合理,可能会出现满足不了用户需求,造成数据大量冗余等情况。因此,数据库的设计应遵循一定的原则。

(1) 数据库规范命名原则。所有的数据库名、表名、字段名需要遵循统一的命名规则,并进行必要的说明,方便维护,查询等。

(2) 数据完整性原则。广义高程控制点库的控制点数据除了具有属性数据外,还有相应的影像数据。

（3）数据最小冗余原则。数据库中的数据在保证完整性的前提下，要尽可能地避免重复存储。

（4）数据一致性原则。GLAS 广义高程控制点库中的属性数据和影像数据之间要一一对应，保证两种数据操作的一致性。

（5）数据统一性原则。可以统一对数据进行增、删、改、查等操作。

（6）数据独立性原则。数据库中的数据应与管理系统保持相互独立，应用程序不依附于数据的组织形式和存储位置。

（7）数据安全性原则。实行严格的用户权限管理和定期维护机制，对数据库的操作进行有效管理，实现数据库的安全可靠运行。

2. 数据库命名规则

数据库名称、表空间名称以及用户名称等均以 GVCP 开头进行统一标识，便于数据库的管理和维护。命名应以表述实体的真实含义，容易辨认为目的。

（1）数据库名称：GVCPDB（广义高程控制点数据库）。

（2）表空间名称：GVCPTABS（广义高程控制点库表空间）。

（3）用户名称：GVCPAdmin（广义高程控制点库系统管理员，拥有数据入库，更新，删除以及管理用户注册等所有操作权限）。

（4）数据库用户：GVCPAdmin 以及具有增、删、改、查等不同等级操作权限的用户。

（5）表名称：数据库中的表名格式为 TB_表名。

（6）属性字段名称：数据表中的主键统一格式为 PK_表名_字段名，外键统一格式为 FK_表名_字段名，其余字段格式统一为表名_字段名。

3. 数据库环境说明

数据库软件采用 Oracle 11g，由数据库管理员在 GVCPDB 数据库中创建 GVCPTABS 表空间，表空间的具体设置如下。

（1）设置最初文件大小为 5 GB。

（2）设置自动扩展 1 024 KB。

（3）设置最大大小为无限制。

（4）设置表空间的块大小为不小于 8 192 B。

4. 数据库安全设计

数据库的安全设计主要是为了防止因用户非法操作使用数据库造成数据的更改、泄露或破坏，数据库在共享过程中也会威胁到数据的安全性。因此，数据库的安全设计是数据库设计中非常重要的步骤。

（1）数据访问控制。用户对数据的操作权限按照不同用户角色加以区别。对于广义高程控制点库管理员，在创建数据库时分配唯一一个管理员身份，管理员具有对数据库的无限操作权限。对于专业使用数据库的人员，根据使用人员不同工作性质进行权限控制，例如使用应用程序连接数据库时可以对数据库进行查询、数据导出等基本操作，数据库编辑人员可以对数据进行删除、更新、批量导入与导出等操作。在进行任何有关数据库连接操作的过程时应设置用户身份验证环节，确保用户的合法身份以及所拥有的权限。

（2）数据的备份与恢复。Oracle 数据库提供了多种数据备份方法，采用适合广义高程控制点库的备份方式，定期或不定期的对数据库进行人工或自动备份，以便在数据库系统出现故障之后进行恢复，最大限度地减少数据的损失。在进行任何数据的删除操作时，应对此类有损数据库完整性和安全性的操作进行系统提示，同时建立相应的备份机制，防止用户误操作对数据库造成的损失。

7.3.3　广义激光高程控制点库结构设计

1. 广义激光高程控制点库概念结构设计

（1）广义激光高程控制点库的 E-R 设计图。数据库的概念结构设计不依赖于数据库中的数据类型，概念模型应具有较强语义表达能力，方便、直接地表达各个实体的语义知识，它是用户和数据库设计人员之间沟通的语言，因此，应做到简单清晰，易于理解。数据库概念结构设计一般用 E-R(entity-relationship)图表示。广义激光高程控制点库的 E-R设计图见图 7.6。

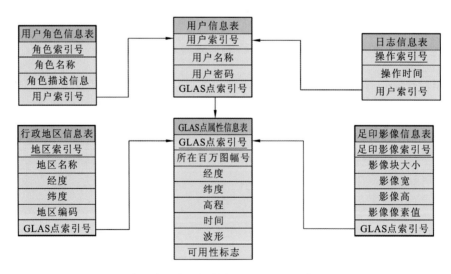

图 7.6　广义激光高程控制点对应的足印影像和波形信息

（2）广义激光高程控制点库 E-R 图说明，见表 7.2。

表 7.2　E-R 图说明表

序号	实体名称	实体描述
1	行政区域表	记录广义激光高程控制点所在行政区域信息
2	属性信息表	记录广义激光高程控制点属性信息
3	足印影像信息表	记录广义激光高程控制点足印影像信息
4	用户信息表	记录广义激光高程控制点库用户信息
5	用户角色信息表	记录广义激光高程控制点库用户角色信息
6	日志信息表	记录广义激光高程控制点库日志信息

2. 广义激光高程控制点库逻辑结构设计

广义激光高程控制点库采用 Oracle 关系型数据库,因此,在逻辑结构设计阶段,需要将概念结构设计后的数据库 E-R 图转换为 Oracle 数据库支持的数据模型,并对其进行优化。GLAS 广义激光高程控制点库的逻辑结构如图 7.7 所示。

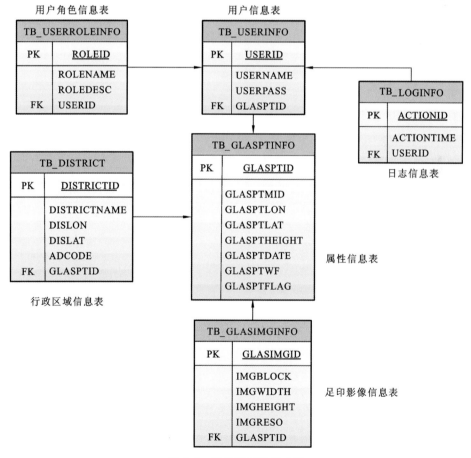

图 7.7　数据库逻辑模式图

7.4　精度验证与分析

为验证广义激光高程控制点的精度,选取有高精度地形参考数据的天津平原地区以及山西太原山区,展开 ICESat/GLAS 的激光高程控制点自动提取试验,试验数据的基本情况如表 7.3 所示。

表 7.3　试验数据的基本情况介绍

试验区	天津平原地区	山西太原山区
地理范围	38.896°N～39.388°N, 116.882°E～117.807°E	37.556°N～38.639°N, 112.098°E～112.813°E
地形特点	平原地区,海拔落差小于 32 m	山区,海拔落差达 2 402 m
ICESat/GLAS 数据	2003～2009 年共 2 171 个 GLAS 激光足印点	2003～2009 年共 3 968 个 GLAS 激光足印点
用于粗差剔除的地形参考数据	30 m 的 AW3D30 全球地形数据,格网间隔 30 m,绝对高程误差优于 5.0 m,高程基准为 GRS80＋EGM2008(Pavlis et al.,2008)	
精度验证数据	1∶2 000 DEM 数据,格网间隔约 2.0 m,高程精度优于 0.4 m,高程基准为 WGS84 大地高	高精度的机载 LIDAR 点云数据,间隔约 3.0 m,高程精度优于 0.15 m,高程基准为 WGS84 大地高

通过与 AW3D30 进行高差比较,按 7.2.1 小节中的粗差剔除方法,保留精度可靠的 GLAS 点,然后再综合利用测距属性参数、回波波形特征参数等进行进一步精细化筛选,最后统计的两个试验区的 GLAS 点精度结果如表 7.4 所示。

表 7.4　多参数多准则约束提取的 GLAS 激光高程控制点精度统计结果　　　(单位:m)

试验区	数据描述	点数	均值	中误差
山西太原地区	原始数据	3 968	0.945	2.973
	AW3D30 约束筛选后	3 904	0.939	2.895
	测距参数约束筛选后	2 942	0.976	2.648
	保留波形为单峰,且 $\sigma \leqslant 6.0$ ns	1370	−0.163	0.904
	保留波形为单峰,且 $\sigma \leqslant 4.0$ ns	1081	−0.182	0.769
	保留波形为单峰,且 $\sigma \leqslant 3.2$ ns	674	−0.209	0.511
天津平原地区	原始数据	2171	0.506	1.304
	AW3D30 约束筛选后	2 148	0.503	1.299
	测距参数约束筛选后	1 343	0.535	1.379
	保留波形为单峰,且 $\sigma \leqslant 6.0$ ns	1 017	0.413	1.101
	保留波形为单峰,且 $\sigma \leqslant 4.0$ ns	791	0.399	0.997
	保留波形为单峰,且 $\sigma \leqslant 3.2$ ns	419	−0.251	0.608

对筛选后保留的 GLAS 点,分别按高程误差绝对值与 0.2 m、0.5 m、0.8 m、1.0 m 几个阈值进行统计分析,如表 7.5 所示,高差的频数直方图如图 7.8 所示。

表 7.5　筛选后的 GLAS 点高程误差分布比例统计结果

阈值	山西太原山区		天津平原地区	
	点数	所占比例/%	点数	所占比例/%
$|dh| \leqslant 0.2$	228	33.83	73	17.42
$|dh| \leqslant 0.5$	501	74.33	190	45.35
$|dh| \leqslant 0.8$	619	91.84	306	73.03
$|dh| \leqslant 1.0$	637	94.51	349	83.29
$|dh| > 1.0$	31	5.49	70	16.71

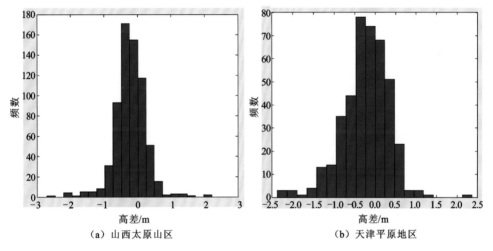

（a）山西太原山区　　　　　　　（b）天津平原地区

图 7.8　筛选后的 GLAS 激光足印点高程误差频数直方图

表 7.5 中,两个试验区 GLAS 数据经 30 m AW3D30 约束后剔除的点仅占很少部分,但经测距和波形特征参数约束后,剔除的点数较多,而且高程中误差也有显著提升。以 $\sigma \leqslant 4.0$ ns 为例,山西太原山区 GLAS 高程中误差从原始的 2.973 m 提高到 0.769 m,天津平原地区 GLAS 高程中误差从 1.304 m 提高到 0.997 m。进一步约束波形特征参数 $\sigma \leqslant 3.2$ ns,高程精度进一步提升,图 7.8 也进一步证实了保留下的点的高程误差分布,表 7.5 统计结果表明筛选后的点绝大多数都优于 1.0 m,其中太原试验区有超 74% 的点优于 0.5 m。

通过上述试验验证了本章提出的多参数多准则约束的激光高程控制点提取算法对于 GLAS 数据有很好的效果,通过地形粗差剔除,采用测距属性、信噪比、波峰数、回波脉宽等多类参数进行约束,可有效提取出高精度广义激光高程控制点,选择 3.2 ns 的波形特征参数时可以保证 GLAS 点的高程精度优于 1.0 m,其中包括部分精度优于 0.5 m 甚至 0.2 m 的点。

第8章 卫星激光测高数据与光学卫星影像联合处理

卫星激光测高数据有众多的应用领域,但能否在航天摄影测量中得到有效应用是衡量其价值的一个重要体现。对于测绘领域而言,一个主要用途就是与光学立体影像进行联合处理,提高其无地面控制条件下(无控)的高程精度。本章针对 GLAS 激光测高数据与资源三号卫星影像、资源三号 02 星激光与影像数据,开展卫星激光数据与影像的联合平差研究,并采用多个试验区进行验证分析,为未来国产卫星激光测高数据在航天摄影测量中的业务化应用提供参考。

8.1 国内外研究现状

在月球及火星等地外空间激光测高数据与光学影像联合处理方面,由于探测器相对比较丰富,相关的研究成果比较多。其中,在对月探测方面,王建宇等(2010)对嫦娥一号激光测高仪作了较全面的介绍;Di 等(2012)采用交叉点平差和传感器模型优化的方式对嫦娥一号立体影像和激光测高数据进行配准;Wu 等(2011)对嫦娥一号上的光学立体影像和激光测高数据进行联合平差处理,实现了激光与影像的有效配准;赵双明等(2014)对嫦娥一号提出一种改进的外定向参数模型,并建立激光测高数据与影像数据的联合平差模型,结果的高程精度为 86.1 m,优于其 120 m 的几何分辨率。在火星探测方面,Spiegel 等(2003)采用激光测高数据作为控制数据,并引入定向片平差的思想,通过光束法联合平差,提高火星快车影像(high resolution stereo camera,HRSC)影像的定向精度,并对定向片的距离间隔、连接点的数量、不同的控制方式等进行了分析,火星轨道激光测高仪(Mars orbiter laser altimeter,MOLA)获得的火星地形数据DTM 平面精度约 200 m,高程约 10 m。Heipke 等(2004)采用 MOLA 激光测高数据生产的 DTM 作为控制信息对火星快车影像进行几何定向处理。Yoon 等(2005)采用了影像连接点观测值、激光测距值、激光点坐标值、卫星姿轨参数,基于激光测距值约束进行了 MOLA 和火星轨道勘查相机(Mars orbiter camera,MOC)的光束法联合平差,火星全球勘探者号(Mars global surveyor,MGS)的卫星姿轨参数中姿态比轨道的不规则变化更明显,通过联合平差可以对姿轨参数进行有效地优化,而且联合平差后能够提高 MOLA 激光测高数据和 MOC 影像配准精度,配准精度能够从 325 m 提升到几十米。Lin 等(2010)采用分层表面匹配算法对火星激光测高数据 MOLA 与光学影像HRSC、高解析度成像(科学仪器)设备(high resolution imaging science experiment,HiRISE)等进行配准,该算法首先将 MOLA-DTM 作为参考,把 HRSC 立体影像生成的DTM 作为中间过渡数据集,并与 MOLA-DTM 进行配准,然后将 HRSC-DTM 作为参考,与 HiRISE-DTM 进行配准。

作为曾经唯一一颗成功上天的激光测高卫星 ICESat,由于该卫星并没有同时搭载可见光光学相机,针对 GLAS 激光与光学影像联合处理的相关研究也不是很多。Gonzalez 等(2010)对 ICESat/GLAS 高程控制点的提取准则作了初步分析;Huang 等(2013)对 GLAS 中高程异常点进行剔除以作为高程参考数据源;Takaku 等(2014)将 GLAS 作为高程参考采用 ALOS PRISM 数据生产了全球的高精度 DSM;鄂栋臣等(2009)对 GLAS 测高数据与 ASTER 中等分辨率的立体影像进行高精度融合,生成了南极内陆科考路线的 1:500 000 比例尺的地形信息。李国元等(2017a)对 GLAS 数据提取高程控制点作了相关研究,提出了自动提取算法并进行了验证。而在国产对地观测卫星激光测高方面,相关研究多数处于试验论证、仿真分析阶段。余俊鹏等(2010)分析了三线阵+小面阵相机、两(三)线阵相机+激光测高仪、单线阵相机+激光雷达三种不同载荷组合的设计方案,并对其在提高对地观测几何定位精度方面进行了初步分析。梁德印(2014)分析了两线阵立体测绘卫星和激光测高仪的几何定位误差,并采用模拟数据将激光测高数据与两线阵卫星影像联合平差,仿真结果表明采用激光数据后影像无控定位精度可从 8.0 m 提高到 3.5 m。王任享等(2014)提出将二线阵影像联合激光测距数据进行光束法平差的理论,并进行了模拟试验。

针对激光与影像的联合平差,研究人员在机载、车载领域已经开展了大量的研究(程亮 等,2013;马洪超 等,2012;张永军 等,2012),其中 Wu 等(2015)对激光与影像联合处理研究进行了综述,指出一般有三种联合处理的思路:将激光作为控制、影像作为控制以及两者进行联合修正。在星载领域,以 Yoon 等(2005)、Wu 等(2014,2011)、Di 等(2012)、赵双明等(2014)为代表,主要针对火星、月球等地外星球探测提出了相应的联合平差处理方法,但处理精度与对地观测的要求还有一定差距,如 Wu 等(2014)虽然实现了激光与影像的配准,但影像的高程精度与参考 DEM 仍相差几十米。Li 等(2016a)通过研究发现采用 GLAS 作为高程控制数据,可以将资源三号影像的无控高程精度提高到 3.0 m,同时进一步证实采用联合平差的方法比直接修正 DSM 的效果更好(Li et al.,2016b)。

8.2　卫星激光测高数据与立体影像联合平差方法

本节在总结前人研究的基础上,针对资源三号卫星,提出一种激光与影像同平台和不同平台模式下多种联合平差方法,在同平台模式下引入卫星姿轨、激光距离约束条件,而在不同平台条件下引入不同时相或第三方的激光控制点高程约束,解决因国产卫星激光测高仪重复频率低而带来的冗余观测值少的问题,最终实现无地面控制数据条件下卫星影像高程精度的有效提升,具体流程如图 8.1 所示,其中激光足印影像为可选项,在 ICESat、资源三号 02 星上没有。

具体而言,对于激光测高仪与光学相机同平台搭载且同时获取的卫星数据,可采用基于严密成像模型和卫星姿轨参数、激光测距参数等约束下的联合区域网平差方法;而对于

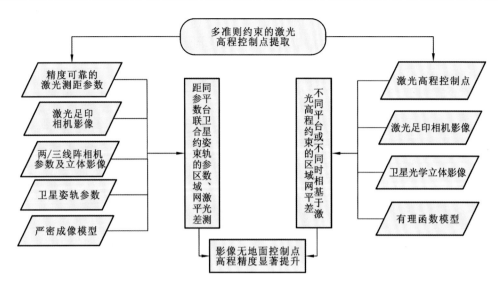

图 8.1　对地观测卫星激光测高数据与影像联合平差示意图

不是同平台搭载(如资源三号影像与 ICESat/GLAS 激光测高数据)或不同时相获取的激光与影像数据(如同一区域新的影像数据与老的激光测高数据),则采用基于有理函数模型和激光足印点高程约束的联合平差方法。

对于卫星激光测高数据与立体影像数据,无论采用基于卫星姿态参数的严密几何成像模型,同时附加激光测距参数等约束条件,还是采用基于有理函数模型附加激光高程控制点的高程约束进行联合处理,其联合平差的误差方程均可以描述为式(8.1)的形式。

$$\begin{cases} V_1 = \boldsymbol{A}_1 x_1 + \boldsymbol{B}_1 t - L_1 & \boldsymbol{P}_1 \\ V_2 = \boldsymbol{A}_2 x_2 + \boldsymbol{B}_2 t - L_2 & \boldsymbol{P}_2 \\ V_3 = \boldsymbol{C} x_2 - L_3 & \boldsymbol{P}_3 \\ V_4 = \boldsymbol{D} t & \boldsymbol{P}_4 \end{cases} \tag{8.1}$$

式(8.1)中的第一、二类误差方程分别为同名影像点、激光在影像上的投影坐标而列出的误差方程。第三类误差方程为距离或高程约束误差方程,第四类为对几何成像模型进行补偿的参数虚拟观测误差方程。其中,x_1 为连接点的物方坐标改正数;x_2 为激光点的物方改正数;t 为成像模型补偿参数改正数;$\boldsymbol{A}$、$\boldsymbol{B}$、$\boldsymbol{C}$、$\boldsymbol{D}$ 分别为相应参数改正数对应的系数矩阵;$\boldsymbol{P}$ 为各观测值的权矩阵;L_1、L_2、L_3 含义一致,都是观测方程中的常数项。

8.2.1　基于严密几何模型的联合平差解算

对于航天线阵 CCD 相机,根据像点、投影中心和对应物方点三点共线原理,其严密几何定位模型可以用图 8.2 表示。$O_1-X_1Y_1Z_1$ 为本体坐标系,$O_2-X_2Y_2Z_2$ 为轨道坐标系,在资源三号卫星中,这两个坐标系的 Z 轴方向均按右手准则指向地心方向,坐标轴间的三个角度关系由星敏感器测量获得。
$O-XYZ$ 为地球地固坐标系,如常用的 WGS84
坐标系。

高分辨率卫星影像的严密几何成像模型
可表示为(唐新明 等,2012)

$$\begin{bmatrix} -\tan(\psi_y)_p \\ \tan(\psi_x)_p \\ 1 \end{bmatrix} = \frac{1}{m}\mathbf{R}^{-1}\begin{bmatrix} X-X_G \\ Y-Y_G \\ Z-Z_G \end{bmatrix} \quad (8.2)$$

$$\mathbf{R} = \mathbf{R}_{J2000}^{WGS84}\mathbf{R}_{body}^{J2000}\mathbf{R}_{camera}^{body} \quad (8.3)$$

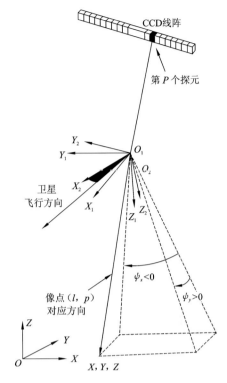

其中:$(\psi_x)_P$、$(\psi_y)_P$ 代表线阵 CCD 第 P 个探元
成像时沿轨道方向和垂直轨道方向的指向角;
X,Y,Z 为第 P 个探元对应的地面点的物方三
维空间坐标;X_G,Y_G,Z_G 为卫星在成像时刻的
CCD 投影中心的三维空间坐标;$\mathbf{R}_{camera}^{body}$ 是由影
像测量坐标系与本体坐标系间的转换矩阵;
$\mathbf{R}_{body}^{J2000}$ 是由卫星姿态测量设备(星敏感器或陀
螺)测得的本体坐标系与 J2000 坐标系转换矩
阵;$\mathbf{R}_{J2000}^{WGS84}$ 为 J2000 坐标系相对 WGS84 坐标系
的转换矩阵。

图 8.2　严密几何成像模型下的
像点与地面点的对应关系

当式(8.1)第三类方程采用激光测距参数
约束时,条件方程式

$$F = \sqrt{(X-X_S)^2+(Y-Y_S)^2+(Z-Z_S)^2} - \rho = 0 \quad (8.4)$$

其中:(X_S,Y_S,Z_S) 为卫星在激光到达地面时刻的星上激光参考点的三维坐标;(X,Y,Z)
为激光足印点物方三维坐标;ρ 为激光测高仪测得的单程激光测距值,为经大气延迟修正
后的精确距离值。

相应的误差方程及系数矩阵为

$$\mathbf{V} = \mathbf{C}\mathbf{x} - L \quad (8.5)$$

其中

$$\mathbf{x} = (\mathrm{d}X \quad \mathrm{d}Y \quad \mathrm{d}Z)^{\mathrm{T}}$$

$$C = \left(\frac{X-X_S}{\sqrt{(X-X_S)^2+(Y-Y_S)^2+(Z-Z_S)^2}} \quad \frac{Z-Z_S}{\sqrt{(X-X_S)^2+(Y-Y_S)^2+(Z-Z_S)^2}} \quad \frac{Z-Z_S}{\sqrt{(X-X_S)^2+(Y-Y_S)^2+(Z-Z_S)^2}} \right)$$

$$L = \rho - \sqrt{(X-X_S)^2+(Y-Y_X)^2+(Z-Z_S)^2}$$

式(8.1)中第四类方程为成像模型补偿参数的虚拟观测方程,在采用严密几何成像模
型时,由于目前国产卫星轨道测量精度已经达到较高水平,其误差基本可忽略不计(Pan
et al.,2016;赵春梅 等,2013),可以只对姿态参数、CCD 探元指向角进行补偿优化,补偿
参数一般采用多项式的模式。

CCD 探元指向角补偿模型为

$$\begin{cases} (\psi_y)'_{ij} = (\psi_y)_{ij} + \Delta(\psi_y)_{ij} = (\psi_y)_{ij} - (e_0 + e_1 i + e_2 j) \\ (\psi_x)'_{ij} = (\psi_x)_{ij} + \Delta(\psi_x)_{ij} = (\psi_x)_{ij} + (g_0 + g_1 i + g_2 j) \end{cases} \tag{8.6}$$

其中：(i,j) 为像点坐标的行列号；$e_k, g_k \ (k=0,1,2)$ 为补偿参数。

姿态参数补偿模型为

$$\begin{cases} \varphi_t = \varphi + \Delta\varphi = \varphi + a_0 + a_1(t-t_0) + a_2(t-t_0)^2 + \cdots \\ \omega_t = \omega + \Delta\omega = \omega + b_0 + b_1(t-t_0) + b_2(t-t_0)^2 + \cdots \\ \kappa_t = \kappa + \Delta\kappa = \kappa + c_0 + c_1(t-t_0) + c_2(t-t_0)^2 + \cdots \end{cases} \tag{8.7}$$

其中：$(\varphi_t, \omega_t, \kappa_t)$、$(\varphi, \omega, \kappa)$、$(\Delta\varphi, \Delta\omega, \Delta\kappa)$ 分别为 t 时刻三个姿态角的真实值、观测值和改正值；$a_k, b_k, c_k(k=0,1,2,\cdots)$ 为补偿参数；t_0 为起始时间；$t-t_0$ 为起始时间的间隔。

大量的研究文献表明，对于资源三号等高分辨率卫星影像而言，沿轨方向的 φ 角误差是造成影像高程误差的主要来源（Pan et al.，2016；Tang et al.，2015），如图 8.3 所示。

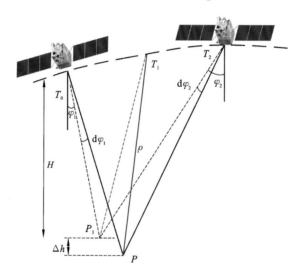

图 8.3　激光距离约束提高立体影像高程精度示意图

假定卫星轨道高度为 H，基线长度为 B，前后视相机在同一地物点 P 成像时刻分别为 T_0 和 T_2，沿轨方向的 φ 角分别为 φ_1 和 φ_2，测量误差为 $\mathrm{d}\varphi_1$ 和 $\mathrm{d}\varphi_2$，因 φ 角测量误差而引起的点位高程误差为

$$\mathrm{d}h = \frac{H}{B} \cdot \left(\frac{H}{\cos^2\varphi_1} \mathrm{d}\varphi_1 - \frac{H}{\cos^2\varphi_2} \mathrm{d}\varphi_2 \right) \tag{8.8}$$

对于资源三号卫星而言，φ_1 和 φ_2 符号相反、数值相等，而且 $\mathrm{d}\varphi_1$ 和 $\mathrm{d}\varphi_2$ 互相独立，因此，式（8.8）的高程误差也可表示为

$$\mathrm{d}h = \sqrt{2} \frac{H}{B} \cdot \frac{H}{\cos^2\varphi} \mathrm{d}\varphi \tag{8.9}$$

因 φ 角测量误差而引起的点位平面定位误差为

$$\mathrm{d}p = H[\tan(\varphi + \mathrm{d}\varphi) - \tan\varphi] \tag{8.10}$$

而一般 $d\varphi$ 数值在几角秒左右,因此,φ 角误差对平面精度的影响很小。以资源三号卫星为例,基高比约 0.89,轨道高度为 500 km,前后视 φ 角约 22.5°,如果 $d\varphi=1''$,则相应的高程和平面误差分别为 4.51 m 和 2.81 m。另外两个角 ω 和 κ 虽然对高程误差也有一定影响,但与 φ 角相比不是很明显。如图 8.3 所示,如果在 T_1 时刻激光获得距离测量信息 ρ,在 φ 角误差存在时,若交会到 P_1 点,此时的卫星与地面点的距离值与 ρ 会存在偏差,特别是当 P 点位于平坦区域时,该偏差会非常明显,因此,通过添加距离约束方程式(5.4),可有效提高 φ 角误差的修正精度。

为进一步证实 φ 角误差对点位高程精度的主要影响以及通过激光距离约束可有效提高 φ 角精度,在试验部分本节设计了采用单独修正 φ 角误差,修正 φ 和 ω、φ 和 κ、ω 和 κ 等不同的两个角组合误差,以及同时修正 φ、ω、κ 三个角等不同的平差模式进行验证。

8.2.2　基于有理函数模型的联合平差解算

目前高分辨率卫星影像一般采用有理函数模型(rational function model,RFM)代替严密几何成像模型,同时提供标准的 RPC(rational polynomial coefficients)参数文件。有理函数模型以物方三维坐标 φ,λ,H(其中 φ 为纬度,λ 为经度,H 为高程)为自变量,采用有理多项式比值的形式表示该点的像方坐标 (c,r)。

$$\begin{cases} r_n = \dfrac{\mathrm{Num}_S(\varphi_n,\lambda_n,H_n)}{\mathrm{Den}_S(\varphi_n,\lambda_n,H_n)} = \dfrac{\sum\limits_{i=0}^{3}\sum\limits_{j=0}^{i}\sum\limits_{k=0}^{j} p_1^{ijk}\varphi_n^{i-j-k}\lambda_n^{j-k}H_n^k}{\sum\limits_{i=0}^{3}\sum\limits_{j=0}^{i}\sum\limits_{k=0}^{j} p_2^{ijk}\varphi_n^{i-j-k}\lambda_n^{j-k}H_n^k} \\[4mm] c_n = \dfrac{\mathrm{Num}_L(\varphi_n,\lambda_n,H_n)}{\mathrm{Den}_L(\varphi_n,\lambda_n,H_n)} = \dfrac{\sum\limits_{i=0}^{3}\sum\limits_{j=0}^{i}\sum\limits_{k=0}^{j} p_3^{ijk}\varphi_n^{i-j-k}\lambda_n^{j-k}H_n^k}{\sum\limits_{i=0}^{3}\sum\limits_{j=0}^{i}\sum\limits_{k=0}^{j} p_4^{ijk}\varphi_n^{i-j-k}\lambda_n^{j-k}H_n^k} \end{cases} \tag{8.11}$$

$$\begin{cases} c_n = \dfrac{c-c_0}{c_s},\quad r_n = \dfrac{r-r_0}{r_s} \\[2mm] \varphi_n = \dfrac{\varphi-\varphi_0}{\varphi_s},\quad \lambda_n = \dfrac{\lambda-\lambda_0}{\lambda_s},\quad H_n = \dfrac{H-H_0}{H_s} \end{cases} \tag{8.12}$$

其中:p_1^{ijk},p_2^{ijk},p_3^{ijk},p_4^{ijk} $(i=1,2,3;j=1,2,3;k=1,2,3)$ 代表标准的 RPC 参数;$(\varphi_n,\lambda_n,H_n)$ 为归一化的物方三维坐标;(c_n,r_n) 为归一化的像方坐标;(c_0,r_0) 为像方坐标的平移参数;$(\varphi_0,\lambda_0,H_0)$ 为物方三维坐标的平移参数;(c_s,r_s) 为像方坐标的缩放系数;$(\varphi_s,\lambda_s,H_s)$ 为物方三维坐标的缩放系数。

当激光测高数据与光学影像不是同平台或不同时相获取时,基于激光测距参数的约束方程是无法建立的且没有意义,此时需要采用基于激光高程约束的联合平差方式,第一、二类误差方程由附改正数的有理函数模型式(8.13)获得,其中 $(\Delta c,\Delta r)$ 表示像方补偿数值,可采用平移和一次仿射变换形式。

$$\begin{cases} c = c_s \cdot \dfrac{\text{Num}_s(\varphi_n, \lambda_n, H_n)}{\text{Den}_s(\varphi_n, \lambda_n, H_n)} + c_0 + \Delta c \\[3mm] r = r_s \cdot \dfrac{\text{Num}_L(\varphi_n, \lambda_n, H_n)}{\text{Den}_L(\varphi_n, \lambda_n, H_n)} + r_0 + \Delta r \end{cases} \tag{8.13}$$

其中：$(\Delta c, \Delta r)$ 表示像方补偿数值，若采用平移和一次仿射变换，其表达形式分别如下：

$$\begin{cases} \Delta c = f_1(r, c) = a_0 \\ \Delta r = g_1(r, c) = b_0 \end{cases} \tag{8.14}$$

$$\begin{cases} \Delta c = f_2(r, c) = a_0 + a_1 c + a_2 r \\ \Delta r = g_2(r, c) = b_0 + b_1 c + b_2 r \end{cases} \tag{8.15}$$

按 Taylor 公式对式(8.13)按式(8.15)仿射变换的补偿形式展开至一次项：

$$\begin{cases} c + v_c = \hat{c} + \dfrac{\partial c}{\partial P} \cdot \mathrm{d}P + \dfrac{\partial c}{\partial L} \cdot \mathrm{d}L + \dfrac{\partial c}{\partial H} \cdot \mathrm{d}H + \dfrac{\partial c}{\partial a_0} \cdot \mathrm{d}a_0 + \dfrac{\partial c}{\partial a_1} \cdot \mathrm{d}a_1 + \dfrac{\partial c}{\partial a_2} \cdot \mathrm{d}a_2 \\[3mm] r + v_c = \hat{r} + \dfrac{\partial r}{\partial P} \cdot \mathrm{d}P + \dfrac{\partial r}{\partial L} \cdot \mathrm{d}L + \dfrac{\partial r}{\partial H} \cdot \mathrm{d}H + \dfrac{\partial r}{\partial a_0} \cdot \mathrm{d}b_0 + \dfrac{\partial r}{\partial a_1} \cdot \mathrm{d}b_1 + \dfrac{\partial r}{\partial a_2} \cdot \mathrm{d}b_2 \end{cases} \tag{8.16}$$

写成误差方程为

$$\boldsymbol{V} = \begin{pmatrix} v_c \\ v_r \end{pmatrix} = \begin{pmatrix} \dfrac{\partial c}{\partial P} & \dfrac{\partial c}{\partial L} & \dfrac{\partial c}{\partial H} & \dfrac{\partial c}{\partial a_0} & \dfrac{\partial c}{\partial a_1} & \dfrac{\partial c}{\partial a_2} & 0 & 0 & 0 \\[3mm] \dfrac{\partial r}{\partial P} & \dfrac{\partial r}{\partial L} & \dfrac{\partial r}{\partial H} & 0 & 0 & 0 & \dfrac{\partial r}{\partial b_0} & \dfrac{\partial r}{\partial b_1} & \dfrac{\partial r}{\partial b_2} \end{pmatrix} \begin{pmatrix} \mathrm{d}P \\ \mathrm{d}L \\ \mathrm{d}H \\ \mathrm{d}a_0 \\ \mathrm{d}a_1 \\ \mathrm{d}a_2 \\ \mathrm{d}b_0 \\ \mathrm{d}b_1 \\ \mathrm{d}b_2 \end{pmatrix} \begin{pmatrix} l_c \\ l_r \end{pmatrix} \tag{8.17}$$

然后可将上式改写为

$$\boldsymbol{V} = \boldsymbol{Ax} + \boldsymbol{Bt} - \boldsymbol{L} \tag{8.18}$$

其中：$\boldsymbol{V} = \begin{pmatrix} v_c \\ v_r \end{pmatrix}$, $\boldsymbol{A} = \begin{pmatrix} \dfrac{\partial c}{\partial \varphi} & \dfrac{\partial c}{\partial \lambda} & \dfrac{\partial c}{\partial H} \\[3mm] \dfrac{\partial r}{\partial \varphi} & \dfrac{\partial r}{\partial \lambda} & \dfrac{\partial r}{\partial H} \end{pmatrix}$, $\boldsymbol{B} = \begin{pmatrix} 1 & c & r & 0 & 0 & 0 \\ 0 & 0 & 0 & 1 & c & r \end{pmatrix}$, $\boldsymbol{L} = \begin{pmatrix} l_c \\ l_r \end{pmatrix}$,

$$\boldsymbol{x} = \begin{pmatrix} \mathrm{d}\varphi \\ \mathrm{d}\lambda \\ \mathrm{d}H \end{pmatrix}, \boldsymbol{t} = \begin{pmatrix} \mathrm{d}a_0 \\ \mathrm{d}a_1 \\ \mathrm{d}a_2 \\ \mathrm{d}b_0 \\ \mathrm{d}b_1 \\ \mathrm{d}b_2 \end{pmatrix}.$$

将高程控制的高程值作为真实值代入上述表达式，即

$$A=\begin{pmatrix}\dfrac{\partial c}{\partial\varphi}&\dfrac{\partial c}{\partial\lambda}&1\\[2mm]\dfrac{\partial r}{\partial\varphi}&\dfrac{\partial r}{\partial\lambda}&1\end{pmatrix},\ x=\begin{pmatrix}\mathrm{d}\varphi\\\mathrm{d}\lambda\\0\end{pmatrix}\quad\text{或}\quad A=\begin{pmatrix}\dfrac{\partial c}{\partial\varphi}&\dfrac{\partial c}{\partial\lambda}\\[2mm]\dfrac{\partial r}{\partial\varphi}&\dfrac{\partial r}{\partial\lambda}\end{pmatrix},\ x=\begin{pmatrix}\mathrm{d}\varphi\\\mathrm{d}\lambda\end{pmatrix}\tag{8.19}$$

如果是平面控制点，可以将平面控制点的平面坐标作为真实值，即

$$A=\begin{pmatrix}1&1&\dfrac{\partial c}{\partial H}\\[2mm]1&1&\dfrac{\partial r}{\partial H}\end{pmatrix},\ x=\begin{pmatrix}0\\0\\\mathrm{d}H\end{pmatrix}\quad\text{或}\quad A=\begin{pmatrix}\dfrac{\partial c}{\partial H}\\[2mm]\dfrac{\partial r}{\partial H}\end{pmatrix},\ x=\mathrm{d}H\tag{8.20}$$

第三类方程也可以根据需要采用激光高程值约束方程获得，即

$$F=H_{\mathrm{laser}}-H=0\tag{8.21}$$

其中：H_{laser} 为激光足印点的高程值；H 为激光在影像上的同名点立体交会获得的高程值。

8.2.3　激光与影像的有效配准

在两种不同的平差模型下，均需要用到激光与影像的同名点信息，因此，激光与影像的有效配准或自动找到同名点是联合处理时重要的一个环节。在有足印影像的情况下，激光足印点位置对应的影像可以从足印影像中直观取得，然后根据足印影像与立体影像自动匹配的方式获得激光与影像的同名点。当没有足印影像时，激光足印点与光学立体影像的配准需要通过立体影像在一定范围内的自动匹配实现，即依据第 7 章中筛选出的位于平坦区域的激光高程控制点三维坐标，结合几何成像模型将激光点反投影到正视影像上，然后以该点为圆点，以激光足印点的光斑大小为限制范围，从立体影像上匹配，将匹配的结果作为激光与影像的同名点，如图 8.4 所示。图 8.4 中圆圈代表激光足印点的光斑大小，图 8.4(a)为足印影像或有 DOM 参考影像时将激光足印点映射到影像上的位置，图 8.4(b)~(d)则为激光足印点反投影到立体影像上的示意图。一般以正视影像为基准，在圆圈限定的范围内从前、后影像中寻找同名点。

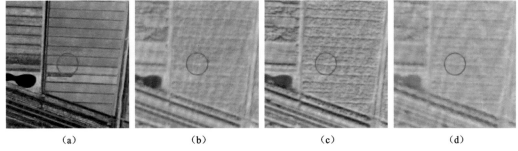

(a)　　　　　　　(b)　　　　　　　(c)　　　　　　　(d)

图 8.4　激光点的足印影像及在资源三号三线阵影像的位置示意图

以 GLAS 数据为例，其激光足印点大小约 70 m，而资源三号影像无控平面精度约 20 m，因此，可将反投影后的像点位置按 50 m 为范围搜索同名点，这样可确保找到的同名点仍位于 70 m 范围的广义激光高程控制点范围内，以保证其高程精度。与月球或火星上激光

数据间隔相比,目前 GLAS 或资源三号 02 星激光点落到影像上后均比较稀疏,因此,为保证激光与影像配准的精度,在匹配同名点时有时需要进行一定的人工干预。

找到所有参与计算的激光足印点在影像对应的同名点后,将激光点、激光对应的影像点、影像的连接点、激光测距值或高程值等各类方程进行联立,同时根据观测值的精度赋予不同的权值,即可实现整体的区域网平差,在激光点距离或高程约束下提升影像的无地面控制点高程精度。

8.3　试验分析

选取西部渭南地区、华北太行山区、中部丘陵地区等多个区域开展激光与影像联合平差试验,试验包括:不同平台的 GLAS 激光高程控制点与资源三号 01 星影像、同平台资源三号 02 星激光与影像、不同时相的资源三号 02 星激光与影像、不同激光控制点分布以及 GLAS 与资源三号 02 星组合等多种情况下的联合平差,其中不同平台和不同时相的条件下主要采用影像有理函数模型加高程约束的方法,同平台同时相条件下采用影像严密几何模型加距离约束的方法。

8.3.1　GLAS 激光测高数据与资源三号影像联合平差

渭南地区实验范围为:$33.955°N \sim 35.323°N$,$107.862°E \sim 109.278°E$,海拔落差达 $1\,500\,m$,面积约 $20\,000\,km^2$,选取了该区域 2012 年 7 月 28 日、11 月 13 日和 23 日共三轨资源三号 01 星立体影像,并采用高精度 RTK-GPS 测得了 40 个高精度外业点,作为平差时的平面控制点和检查点使用。落在试验区的 GLAS 激光足印点共有三轨,按 7.2 节的高程控制点自动提取方法进行筛选后,取点间隔 25 km、50 km、100 km 共挑选了 14 个 GLAS 高程控制点,并在立体影像上进行同名点选取。

由于 GLAS 激光测高数据与资源三号 01 星影像属于不同平台的数据,试验中采用的是基于有理函数模型的平差解算方法,共进行了 8 种平差实验,点位分布和平差结果如表 8.1 所示。具体布点方式如下(图 8.5)。

表 8.1　GLAS 高程数据辅助的资源三号区域网平差结果统计表

平差方案	平差类型	控制点个数	检查点个数	中误差/m			
				东方向	北方向	平面	高程
P1	无控	0	40	8.978	9.791	13.284	13.532
P2	4 平 0 高	4	36	3.421	3.973	5.243	13.351
P3	7 平 0 高	7	33	3.529	3.686	5.103	13.352
P4	9 平 0 高	9	31	2.991	2.975	4.219	12.713
P5	0 平 14 高	14	40	9.656	10.068	13.951	3.066
P6	9 平 6 高	15	31	3.091	2.983	4.296	5.258
P7	9 平 8 高	17	31	3.083	2.982	4.289	4.392
P8	9 平 14 高	23	31	3.058	2.985	4.274	2.903

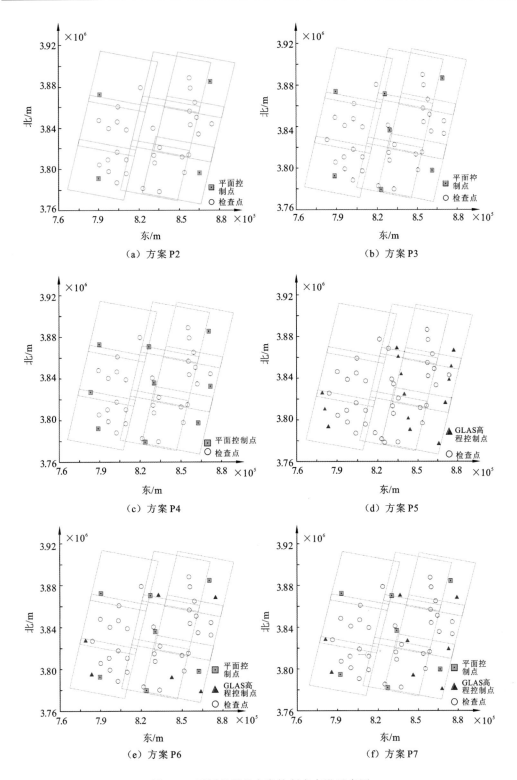

图 8.5　不同的平差方案控制点布设示意图

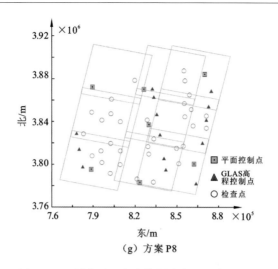

（g）方案 P8

图 8.5　不同的平差方案控制点布设示意图（续）

（1）方案 P1：完全无控制点参与的自由网平差。

（2）方案 P2：布设 4 个平面控制点，分别位于试验区的四角。

（3）方案 P3：布设 7 个平面控制点，分别位于在试验区的四角和中部的沿轨向。

（4）方案 P4：布设 9 个平面控制点，在区域内按三排三列分布。

（5）方案 P5：布设 14 个 GLAS 高程控制点，沿 GLAS 轨道方向，点间距约 25 km。

（6）方案 P6：在方案 P4 基础上，沿 GLAS 轨道方向点间距约 100 km，共 9 个平面控制点和 6 个 GLAS 高程控制点。

（7）方案 P7：在方案 P4 基础上，沿 GLAS 轨道方向点间距约 50 km，共 9 个平面控制点和 8 个 GLAS 高程控制点。

（8）方案 P8：方案 P4 和 P5 的组合，共 9 个平面控制点和 14 个 GLAS 高程控制点。

从表 8.1 可以看出，加入 GLAS 高程控制点后，资源三号影像的高程精度得到显著提升，加入 14 个 GLAS 高程控制点时，无控高程精度从原始的 13.532 m 提高到 3.066 m，说明激光与影像联合平差对提升影像的无控高程精度是有效的。而添加不同数量的 GLAS 高程控制点，其对影像高程精度提升的幅度也不一样，点越多时精度相对越高。

8.3.2　资源三号 02 星激光测高数据与影像联合平差

针对资源三号 02 星上同时搭载的立体相机和试验性激光测高仪，选取了三个试验区开展联合平差试验，试验区分别位于西部渭南地区、华北太行山区、中部丘陵地区。由于西部渭南试验区的激光与影像为同时采集，且有影像的 RPC 参数和原始成像模型参数，在区域开展了有理函数模型、严密几何模型等两种不同的联合处理试验，另外两个试验区由于时间不一致，仅进行了基于有理函数模型的联合处理试验，但在中部丘陵地区同时选择了 GLAS 和资源三号 02 星激光测高数据混合进行了联合平差试验。

1. 西部渭南试验区

选取的西部渭南试验区的地理范围为:33.97°N～35.31°N,108.74°E～110.07°E,中间地带是平原、丘陵,左上和右下部是山区,整个区域高差在1 000 m左右。资源三号02星8月9日的第1081轨和8月14日的第1157轨正好经过该区域,同时获得了激光测高数据和立体影像数据。其中,第1081轨有36个、1157轨有38个硬件记录为有效的激光点落在试验区,从激光足印点中筛选出与参考的AW3D30高差绝对值小于2.0 m的点共11个,其中1081轨6个,1157轨5个,具体分布如图8.6所示。

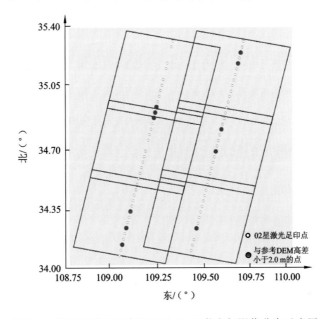

图 8.6　陕西渭南地区资源三号02星激光与影像分布示意图

为了有效验证资源三号02星激光与影像联合平差的精度,试验中还选取了27个外业高精度GPS点作为检查点,GPS野外测量标称精度平面优于0.05 m,高程优于0.02 m,考虑检查点在资源三号立体影像上的刺点误差,最终检查点的绝对平面精度优于0.5 m,高程精度优于0.2 m。

在与参考的AW3D30高差小于2.0 m的11个激光足印点中,有效选择出了6个点作为高程控制点,剩下的5个点由于点位难以确定或地形存在明显的不确定性等因素而被舍弃,激光高程控制点与检查点分布如图8.7(a)所示。考虑AW3D30本身存在一定误差,而保留下的高差小于2.0 m的激光足印点太少,因此,进一步放宽高差限制阈值,将与AW3D30相比高差小于5.0 m的激光足印点也进行了保留,从中选取了16个点作为高程控制点,此时的激光高程控制点与检查点分布如图8.7(b)所示。

在实际平差试验中,共进行了如下几种处理。

(1)方案完全无控,统计27个检查点的误差。

(2)将27个点全部作为平高控制点,没有检查点,统计最终控制点的残差。

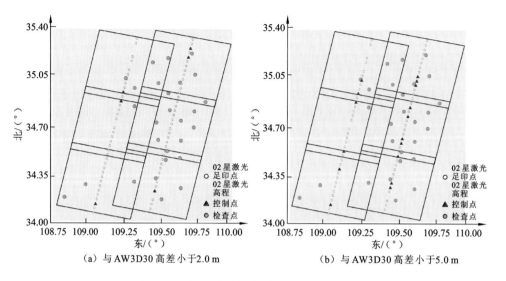

(a) 与AW3D30高差小于2.0 m　　　　　(b) 与AW3D30高差小于5.0 m

图 8.7　光高程控制点与检查点分布示意图

（3）选择四角和中间共 5 个点作为平高控制点，统计余下的 22 个检查点误差。

（4）选择四角和中间共 5 个点作为平面控制点，统计余下的 22 个检查点误差。

（5）选择与 AW3D30 高差小于 2.0 m 的 6 个激光足印点作为高程控制点，统计 27 个检查点误差。

（6）选择与 AW3D30 高差小于 5.0 m 的 16 个激光足印点作为高程控制点，统计 27 个检查点误差。

最终统计结果如表 8.2 所示。

表 8.2　基于有理函数模型的资源三号 02 星激光与影像联合处理精度统计表

平差类型	控制点	检查点	中误差/m				备注
			东方向	北方向	平面	高程	
无控	0	27	22.424	12.350	25.599	11.542	
27 平高	27	0	3.353	2.949	4.466	1.629	统计控制点残差
5 平高	5	22	3.857	3.152	4.981	1.930	
5 平 0 高	5	22	3.328	2.547	4.192	10.135	
0 平 6 高	6	27	19.787	11.672	22.973	2.936	与参考 DEM 高差小于 2.0 m
0 平 16 高	16	27	19.050	11.537	22.271	1.902	与参考 DEM 高差小于 5.0 m

由于该区域具备影像与激光数据同时采集的条件，针对该数据还开展了基于严密几何模型的联合平差试验，试验过程中采用基于严密几何模型的自由网平差以及联合平差模型中选择姿态误差补偿一个姿态角/两个姿态角/三个姿态角、姿态误差补偿模型选择 0 阶和 1 阶多项式、添加 CCD 探元指向角补偿等多种参数补偿模式。

将参数补偿类型以代号形式描述如下。

（1）A：对姿态参数偏移量进行补偿，即 0 阶多项式，其中 A1 表示只补偿一个角，且 A11 表示只补偿 φ 角，A12 表示只补偿 ω 角，A13 代表只补偿 κ 角；A2 表示仅补偿两个角，且 A21 表示仅补偿 φ 角和 ω 角，A22 表示仅补偿 φ 角和 κ 角，A23 表示仅补偿 ω 角和 κ 角；A3 表示对三个角都进行补偿。

（2）B：对姿态变化速率进行补偿，1 阶多项式。

（3）C：对指向角参数进行补偿。

针对该区域的 16 个资源三号 02 星激光高程控制点及 27 个检查点，试验中进行了完全无控、无控但对三个角都进行补偿（A3）的自由网平差，以及 16 个激光高程控制点、5 个平面控制点、5 个平面控制与 16 个激光高程控制点、27 个全控等不同控制点情况下多种补偿参数进行组合的联合平差，试验结果如表 8.3 所示。

表 8.3　基于严密几何模型的资源三号 02 星激光与影像联合处理精度统计表

平差类型	控制点	检查点	中误差/m				参数补偿类型
			东方向	北方向	平面	高程	
无控	0	27	11.712	16.386	20.141	18.535	
自由网	0	27	9.893	6.609	11.898	21.255	A3
0 平 16 高	16	27	11.311	6.516	13.053	3.226	A11
0 平 16 高	16	27	10.861	7.468	13.181	18.778	A12
0 平 16 高	16	27	11.872	7.462	14.022	18.827	A13
0 平 16 高	16	27	11.207	7.228	13.336	3.224	A21
0 平 16 高	16	27	14.314	5.110	15.199	3.914	A22
0 平 16 高	16	27	11.581	7.538	13.818	18.771	A23
0 平 16 高	16	27	11.362	7.254	13.480	3.078	A3
0 平 16 高	16	27	9.998	7.053	12.236	2.968	A21+C
0 平 16 高	16	27	10.043	7.076	12.285	2.865	A3+C
5 平 0 高	5	22	4.638	1.033	4.751	19.579	A21
5 平 0 高	5	22	4.546	0.877	4.629	19.859	A3
5 平 0 高	5	22	4.819	1.068	4.936	20.961	A21+C
5 平 0 高	5	22	4.809	1.049	4.922	21.156	A3+C
5 平 0 高	5	22	4.767	1.033	4.877	19.986	A21+B
5 平 0 高	5	22	4.714	1.147	4.851	20.697	A3+B
5 平 0 高	5	22	4.983	1.125	5.109	20.899	A21+B+C
5 平 0 高	5	22	4.890	1.195	5.034	21.217	A3+B+C
5 平 16 高	5+16	22	9.422	1.907	9.613	3.299	A11
5 平 16 高	5+16	22	6.548	3.417	7.386	3.159	A21
5 平 16 高	5+16	22	5.982	2.847	6.625	3.037	A3

平差类型	控制点	检查点	中误差/m				参数补偿类型
			东方向	北方向	平面	高程	
5平16高	5+16	22	5.372	2.073	5.758	2.997	A21+C
5平16高	5+16	22	5.402	2.104	5.797	2.925	A3+C
5平16高	5+16	22	7.174	3.787	8.112	3.427	A21+B
5平16高	5+16	22	6.627	3.776	7.627	3.015	A3+B
5平16高	5+16	22	6.384	3.222	7.151	3.213	A21+B+C
5平16高	5+16	22	5.833	3.347	6.725	2.954	A3+B+C
27平高	27	27	4.519	1.27	4.694	2.576	A21
27平高	27	27	4.968	1.485	5.185	2.956	A3
27平高	27	27	5.539	1.527	5.746	3.098	A21+C
27平高	27	27	3.972	0.989	4.093	2.653	A3+C
27平高	27	27	4.469	1.173	4.620	2.440	A21+B
27平高	27	27	4.334	0.919	4.429	2.302	A3+B
27平高	27	27	4.927	1.275	5.089	2.467	A21+B+C
27平高	27	27	4.71	0.93	4.801	2.322	A3+B+C

从表8.3可以看出,仅有激光高程控制点时,补偿φ角(A11)、补偿φ角和ω角(A21)以及补偿三个角(A3)对高程提升的效果基本相当,分别为3.226 m、3.224 m和3.078 m,进一步证实φ角误差是影像高程误差的主要误差源,仅对φ角误差进行补偿修正就可以显著提高影像的无控高程精度。此外φ角和ω角组合(A21)优于φ角和κ角组合(A22),分别为3.224 m和3.914 m,说明ω角对高程的影响大于κ角。而仅补偿ω角和κ角(A23)对高程基本没有改变。在A21和A3模式的参数补偿基础上,进一步添加CCD探元指向角参数补偿(C),高程精度略有变化,分别为2.986 m和2.865 m,而此时的平面精度则与前几种补偿模式有所提高,分别为12.236 m和12.285 m。

此外,从平面控制点参与平差时的结果也可以看出,补偿三个姿态角及CCD探元指向角误差对提升平面精度有较好的效果,如果平面控制点足够多(如试验中从5个增加到27个),再附加姿态角变化率的参数补偿,效果会有进一步少量的提升。因此,综合考虑,资源三号02星在有激光高程控制点的情况下,采用三个姿态角及CCD探元指向角误差补偿模型(A3+C),可兼顾保证平面精度,同时有效提升高程精度,在此基础上,如果平面控制点足够多,可适当对姿态角添加变化率补偿参数。

对比表8.2和表8.3可以看出,在有激光高程控制点参与的情况下,影像的无控高程精度均能有较大提升。虽然目前本试验区在16个激光高程控制点下,基于有理函数模型的无控高程精度从11.542 m提高到1.902 m,而基于严密几何模型的无控高程精度则由18.535 m提高到2.865 m,但不足以说明两者的优劣。一方面,该区域试验数据有限,且因为检校参数的配置时间问题,导致原始无控精度并不一致,如有理函数模型下无控平面精度为 25.599 m,严密几何模型下平面精度为 11.898 m,前者差于后者,而高程精度则是前者优于后者;另一方面,两者的最终结果差距并不大,从平面精度来看,加入 5 个平面控制点后,两者分别为 4.192 m 和 4.629 m,而在 27 个控制点时,则分别为 4.466 m 和 4.093 m,差距不到 0.5 m;加入 16 个激光高程控制点时高程精度分别为 1.902 m 和 2.865 m,差距在 0.9 m 左右。考虑控制点在影像上的刺点误差、影像数据原始精度不一致等因素,因此,对于两种模型的优劣暂无法给出确切的结论,两者平差结果基本相当。

为进一步验证基于严密模型的激光与影像联合处理外推精度,试验中还开展了沿轨向的区域两头共选 4 个激光高程控制点、只在沿轨向的区域一侧共选 2 个激光高程控制点、在区域的一侧仅选 1 个激光高程控制点的平差布点模式,如图 8.8 所示。

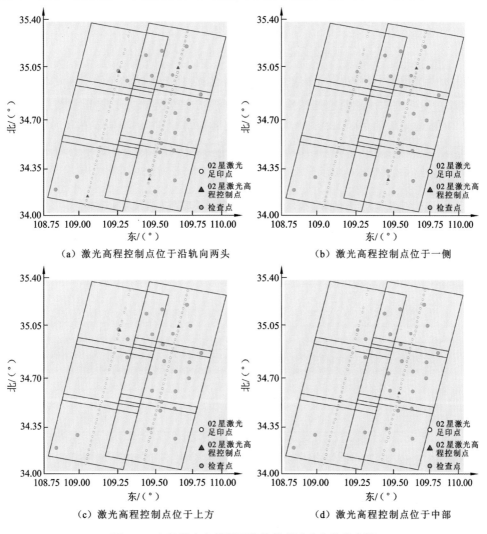

（a）激光高程控制点位于沿轨向两头　　　　（b）激光高程控制点位于一侧

（c）激光高程控制点位于上方　　　　（d）激光高程控制点位于中部

图 8.8　少量激光点情况下外推精度试验点位分布图

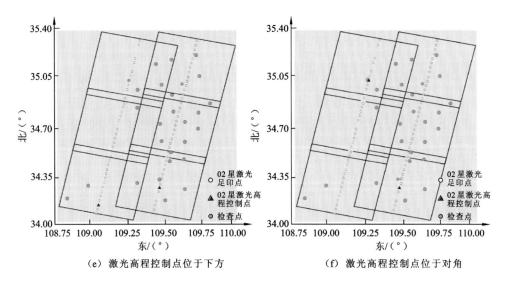

（e）激光高程控制点位于下方　　　　　　（f）激光高程控制点位于对角

图 8.8　少量激光点情况下外推精度试验点位分布图（续）

　　其中，在区域的一侧仅选 1 个激光高程控制点时，分别选择了点位于区域上方、中部、下方以及对角的方式。顾及前述试验中，在仅有激光高程控制点时，补偿参数选择三个角度以及 CCD 探元指向角的组合（A3＋C）的结果相对较优，既能提高影像无控高程精度，也能兼顾平面精度，因此，在对激光高程控制点不同点位分布联合平差试验时选择了该补偿模式，试验结果如表 8.4 所示。

表 8.4　激光高程控制点不同分布情况下联合平差精度统计表

布点方式	控制点	检查点	中误差/m			
			东方向	北方向	平面	高程
四角 4 高控	4	27	8.380	6.591	10.661	2.918
一侧 2 高控	2	27	11.829	7.374	13.939	5.015
上方 2 高控	2	27	12.784	7.717	14.933	3.395
中部 2 高控	2	27	12.708	7.740	14.879	3.369
下方 2 高控	2	27	13.824	7.866	15.905	3.437
对角 2 高控	2	27	8.135	6.471	10.395	3.258

　　将表 8.4 与表 8.3 中无控自由网平差结果进行对比，可以看出：激光高程控制点位于四角时结果最优，仅取影像条带的两头就可有效提升高程精度；而仅位于一侧时，虽然也能提高影像无控高程精度，但结果相对较差；当位于上方、中部和下方时，试验结果基本相当；位于对角分布时，对平面的影响与位于四角相当，高程比位于四角时稍差，但略优于其他几种。

2. 华北太行山试验区

由于天气原因,华北太行山试验区的激光与影像数据并非同时采集,但均来自资源三号 02 星,其中影像为 2016 年 7 月 26 日的第 868 轨和 7 月 31 日的第 944 轨,激光数据仅取自第 944 轨。试验区的地理范围为:37.15°N～42.05°N,113.57°E～115.55°E,属于山地,整个区域高程范围为 75～2 100 m,整体高程落差在 2 000.0 m 左右。资源三号 02 星第 944 轨共有 159 个激光足印点落在该区域,采用 7.2 节的高程控制点提取方法,与 AW3D30 相比高差小于 5.0 m 的资源三号 02 星激光足印点共 25 个点,最终选出了 11 个能找到有效影像同名点的点作为高程控制点;其中与 AW3D30 相比高差小于 2.0 m 的激光足印点共 11 个点,可选的仅有 4 个点,由于小于 2.0 m 且可选的激光足印点太少且分布不够理想,仅保留了高差小于 5.0 m 的 11 个 02 星激光足印点作为高程控制点参与试验,如图 8.9 所示。

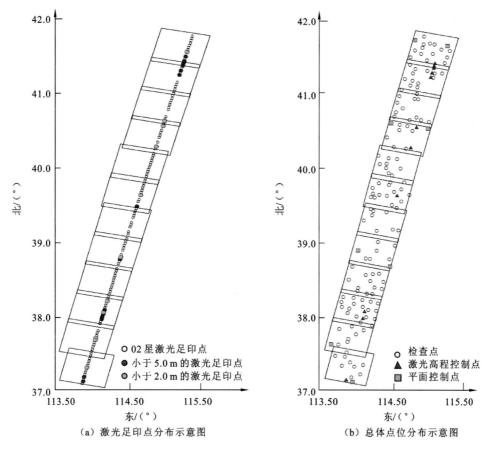

　　（a）激光足印点分布示意图　　　　　　　　　（b）总体点位分布示意图

图 8.9　资源三号 02 星激光与影像联合平差点位分布示意图

在实际平差试验中,共进行了如下几种处理,统计结果如表 8.5 所示。

表 8.5　资源三号 02 星激光与影像联合平差点位分布示意图

平差类型	控制点	检查点	中误差/m				备注
			东方向	北方向	平面	高程	
无控	0	140	12.734	8.421	15.266	12.097	
140 平高	140	0	2.150	2.746	3.487	1.794	统计控制点残差
8 平高	8	132	2.471	2.902	3.811	1.954	
8 平 0 高	8	132	2.446	2.877	3.776	13.843	
0 平 11 高	11	140	11.768	3.122	12.175	2.169	与参考 DEM 高
8 平 11 高	19	132	2.589	2.940	3.918	2.125	差小于 5.0 m

（1）完全无控，统计 140 个检查点的误差。

（2）140 个点全部作为控制点，统计平差后控制点残差。

（3）选择四角和中间 8 个点作为平高控制点，统计余下的 132 个检查点误差。

（4）选择四角和中间 8 个点作为平面控制点，统计余下的 132 个检查点误差。

（5）选择与 AW3D30 高差小于 5.0 m 的 11 个资源三号 02 星激光足印点作为高程控制点，统计 140 个检查点误差。

（6）选择四角和中间 8 个点作为平面控制点，与 AW3D30 高差小于 5.0 m 的 11 个资源三号 02 星激光足印点作为高程控制点，统计余下的 132 个检查点误差。

在四角和中间进行布控的情况下，资源三号 02 星立体影像的平面精度优于 4.0 m，高程优于 2.0 m，分别为 3.811 m 和 1.954 m。采用挑选后的资源三号 02 星激光足印点作为高程控制点，可以有效提高影像的无控高程精度，加入 11 个资源三号 02 星激光高程控制点时，该区域无控高程精度从 12.097 m 提高到 2.169 m。在加入 11 个资源三号 02 星激光高程控制点的情况下，再添加 8 个平面控制点，可同时提高平面和高程精度，仅略低于全部采用高精度外业控制点的结果。试验进一步证实了当激光高程控制点与影像即使为不同时相时，仍能有效提升影像的无控高程精度。

3. 中部丘陵试验区

由于资源三号 02 星激光开机有限，并不是每一轨影像数据均有激光测高数据，为了分析不同激光测高数据（GLAS 与 02 星激光测高数据）组合时，对提高影像高程精度的效果，选择了华中某区域的较大范围的影像数据，该影像数据由资源三号 01 星和 02 星组合，激光测高数据选择了该区域资源三号 02 星和 GLAS 数据，并采用 7.2 节的高程控制点自动提取算法进行了筛选，试验区的影像和激光数据分布如图 8.10 所示。

以 SLA 代表资源三号 02 星激光测高数据，试验过程中，共采用无控、11 个 GLAS 高程控制点、13 个 SLA 高程控制点、GLAS 和 SLA 共 24 个高程控制点、4 个平面控制点和 24 个高程控制点、8 个平面控制点和 24 个高程控制点等进行平差对比分析，平差结果如表 8.6 所示。

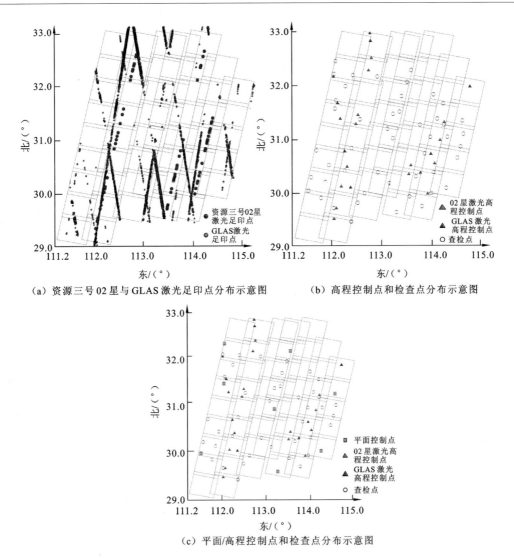

（a）资源三号 02 星与 GLAS 激光足印点分布示意图　　　（b）高程控制点和检查点分布示意图

（c）平面/高程控制点和检查点分布示意图

图 8.10　华中某区域 GLAS 与资源三号 02 星激光测高数据组合的联合平差示意图

表 8.6　资源三号 02 星激光与影像联合处理结果统计表

平差类型	控制点	检查点	中误差/m			
			东方向	北方向	平面	高程
无控	0	48	7.409	2.199	7.728	9.265
0 平 11 个 GLAS	11	48	6.462	2.261	6.846	2.998
0 平 13 个 SLA	13	48	6.484	2.282	6.873	2.877
13 个 SLA+11 个 GLAS	24	48	6.399	2.289	6.797	2.598
4 平 24 高	28	44	3.539	1.988	4.059	2.751
8 平 24 高	30	40	3.692	1.924	3.692	2.497

8.3.3　分析与总结

从表 8.1 可以看出,对于属于山地的西部渭南试验区的资源三号 01 星影像,加入位于四个角的平面控制点后,平面精度从 13.284 m 提升到 5.243 m,高程精度无明显变化。仅加入 14 个 GLAS 高程控制点,平面精度没有改善,但高程精度得到显著提升,从 13.532 m 提高到 3.066 m。在有 9 个平面控制点的情况下,缩小 GLAS 点间距,以 100 km、50 km、25 km 依次加入 6 个、8 个、14 个 GLAS 高程控制点时,平面精度无大变化,高程精度随着 GLAS 高程控制点间隔的减小而提高。试验结果初步表明,按沿轨点间距小于每景影像覆盖长度(如 ZY-3 取小于 50 km 的间隔)布设 GLAS 激光高程控制点,即可满足资源三号卫星立体影像对高程控制点数目的需求,无控高程精度可到 3.0 m 的水平。

从资源三号 02 星激光与影像联合平差处理的结果来看,虽然目前 02 星激光测高仪属于试验性载荷,但提取后的 02 星激光点可以作为高程控制点使用,可有效提升 02 星影像的无控高程精度,在表 8.2、表 8.3 和表 8.5 中均能得到验证。表 8.2 和表 8.3 的对比结果表明,无论采用有理函数模型还是严密几何模型,利用 02 星激光测高数据均可将 02 星立体影像高程精度提升到 2.8 m 的水平,在严密几何模型的联合平差中,通过激光测距约束可以有效补偿姿态的 φ 角误差。但因检校参数配置时间影响,目前还无法对两种平差模型的精度优劣进行对比分析。表 8.6 进一步表明,资源三号 02 星激光测高数据与 GLAS 对提升影像无控高程精度的效果基本相当,在顾及点位分布时,将两者进行组合作为高程控制点,能比仅使用其中一种取得更好的效果,华中试验区组合后的激光高程控制点能将影像无控高程精度从 9.265 m 提高到 2.598 m。

第9章 软件设计与工程应用

本章针对国产对地观测卫星激光测高数据产品分级体系开展相关研究,在借鉴国外GLAS产品分级的基础上,结合国产激光测高卫星的特点,提出工程数据产品、基础产品、标准产品、高级/专题产品的分类标准,同时对每类产品的具体内容进行细化。介绍自主开发的卫星激光测高数据处理与应用软件系统,并结合GLAS数据处理、资源三号02星激光测高数据等实际需求进行工程实践,对相关的算法精度作进一步的验证分析。并在林业树高参数提取、极地冰盖高程变化监测、辅助全球无地面控制的航天摄影测量等方面进行应用试验。

9.1 卫星激光测高数据产品体系设计

卫星激光测高的产品体系建设是其数据产品走向工程化应用的基础。目前国内在卫星激光测高数据产品体系建设方面还处于空白状态,高分七号、陆地生态系统碳监测卫星发射在即,迫切需要开展国产卫星激光测高数据产品体系研究。虽然对月观测的"嫦娥"系列卫星上搭载过激光测高系统,但其观测条件、产品类型与对地观测都有很大区别,不能满足对地观测激光测高卫星用户的需求;此外,国外以ICESat/GLAS为代表的激光测高卫星产品体系不具有普适性,不能作为我国后续激光测高卫星数据产品分级的统一格式,因为其载荷技术参数存在差异,如国产的激光测高卫星同时搭载了足印相机而国外没有。因此,为了适应不同载荷、不同用户、不同应用领域的需求差异,结合我国激光测高卫星的实际特点,构建国产卫星激光测高数据产品分级体系显得十分必要,本节对这一问题进行研究探讨。

GLAS激光测高数据分为3个级别共15类,借鉴其经验,同时结合国产激光测高卫星载荷的特点,同时以卫星姿轨数据、激光波形数据、足印影像、激光足印点三维坐标、专题应用等为主线,初步设计其产品体系包括工程数据产品、基本产品、标准产品和专题/高级产品等,如图9.1所示。

(1)工程数据产品:指激光测高卫星下传的经解码后的原始数据,包括激光足印影像、卫星姿态测量数据、卫星轨道测量数据、激光发射波形数据、激光回波波形数据以及相关硬件参数等。

(2)基本产品:指针对原始数据产品经过系统几何改正及初步的波形处理后的产品,包括波形的特征参数、激光粗略距离参数、足印影像几何粗纠正产品、激光足印粗略三维坐标等,其中将经事后精密处理后的姿轨参数归为基础产品。

(3)标准产品:指经过精确几何标定、大气改正、潮汐改正等处理后的产品,包括大气改正参数、潮汐改正参数、足印影像云检测产品、足印影像正射纠正产品、激光足印精确三

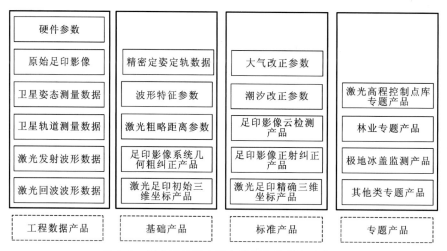

图 9.1　国产卫星激光测高数据产品分级示意图

维坐标产品。

（4）专题产品/高级产品：指在标准产品的基础上，结合用户的具体需求开发的激光测高卫星高级产品，包括激光高程控制点库产品、极地冰盖监测产品、林业树高/生物量专题产品、其他类专题产品等，如图 9.2 所示。

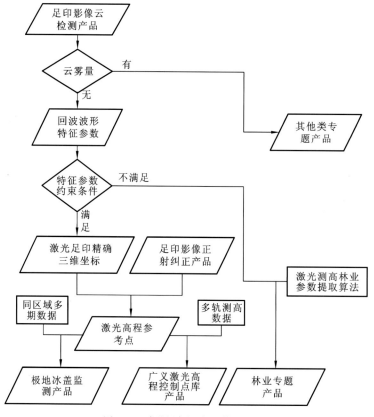

图 9.2　专题/高级产品体系设计

　　针对每类级别的产品包含的具体数据参数在表 9.1 中进行阐述,其中广义激光高程控制点数据库产品是目前测绘行业关注的重点,国产高分七号卫星上搭载的激光测高仪主要用途就是获得全球高精度的高程控制点数据,为 1∶10 000 高精度立体测图提供支撑。而目前资源三号 02 星激光测高数据则在波形和足印影像方面欠缺,表 9.1 的备注栏中进行了补充说明。

表 9.1　卫星激光测高数据产品定义

产品类型	产品名称	影像产品定义	备注
原始数据	卫星下传数据	卫星下传的各类原始数据	
工程数据产品	卫星姿轨数据	卫星轨道和姿态数据	
	工程参数	激光光轴监视相机、温度、增益、电压等数据文件	02 星无
	实验室标定参数	激光与整星平台、足印相机与整星、激光与光轴监视相机的安装角	
	时间参数	激光发射时刻、渡跃时间	
	大气参数	532 nm 波长激光或其他途径获得的大气数据	02 星无
	波形数据	发射和接收波形数据	02 星无
	足印影像	激光足印影像数据	02 星无
基础产品	基础波形产品	经波形预处理、能量归一化等处理后的波形数据	02 星无
	基础测距产品	基于基础波形产品计算获得的激光粗测距产品	
	基础足印影像产品	几何粗纠正后具有地理编码的足印影像	02 星无
	基础测高产品	激光足印点几何粗定位结果	
标准产品	大气改正产品	采用大气辅助参数改正后的激光大气改正数据	
	潮汐改正产品	采用潮汐改正模型计算获得的激光潮汐改正数据	
	标准波形产品	经波形处理后的标准波形数据	02 星无
	标准足印影像产品	正射纠正处理后的足印影像	02 星无
	标准测高产品	激光足印点几何精定位结果	
专题/高级产品	广义激光高程控制点数据库产品	对标准测高产品进行筛选提取后的广义激光高程控制点数据库	
	冰盖变化监测产品	极地冰盖高程变化监测结果	
	林业专题应用产品等	树高、生物量、蓄积量等林业专题测量结果	02 星暂无
	其他类	其他类专题应用产品	

　　目前设计的国产对地观测卫星激光测高数据产品分级体系兼顾了未来高分七号、陆地生态系统碳监测卫星上激光测高仪的特点,将全波形数据、足印影像产品进行了考虑,

但资源三号 02 星试验性激光测高载荷在这两方面由于硬件限制暂不具备。从应用的角度来说,除因没有波形数据制约了资源三号 02 星激光测距精度的进一步提升外,第 8 章的试验已证明其仍然可以进行工程化应用,有效提升资源三号卫星影像的无控高程精度。结合测绘行业需求,在广义激光高程控制点数据库建设方面已经开展较多的工作。未来还需要结合实际需要,不断修改和完善目前制定的产品体系,争取逐步形成行业标准,以服务于未来国产激光测高卫星产品的业务化应用需求。

9.2　软件系统开发

9.2.1　需求分析

2016 年 5 月 30 日,搭载了国内首台对地观测卫星激光测高仪的资源三号 02 星成功发射,高分七号、陆地生态系统碳监测卫星均搭载激光测高仪。国内卫星激光测高迎来了快速发展的重要机遇期,而在资源三号 02 星之前,国内卫星激光测高数据相关的软件基本处于空白或起步阶段,武汉大学、中国科学院遥感与数字地球研究所、东北林业大学等科研院所开发的系统支持美国的 ICESat/GLAS 激光数据处理与科研应用,但卫星离实现国产卫星业务化运行还有一定差距。而且美国对 GLAS 激光部分原始数据并不完全开放,导致国内相关研究对其数据处理过程,特别是高精度的几何处理并非全链路贯通。因此,迫切需要自主研发能全链路、业务化应用的国产卫星激光数据处理软件系统。

资源三号等国产光学卫星的成功经验告诉我们,通过卫星数据后处理及在轨几何检校可以有效弥补国产卫星硬件方面的不足,提升国产卫星的整体精度水平和应用能力。对于主要作为高程控制点应用的卫星激光测高数据而言,其测量精度要求更高,对如何与国产光学立体影像结合的要求更迫切,因此,迫切需要结合国产卫星激光测高仪的特点,从有效弥补国产卫星硬件不足、提高测量精度和应用水平的角度,研发卫星激光测高数据处理软件系统,特别是迫切需要开发国产卫星激光测高数据与可见光立体影像联合平差应用软件,提升影像无控测图水平,支撑国产卫星在境外地区的测图需求。

9.2.2　功能介绍

团队近几年来在激光测高卫星高精度几何处理算法研究方面,采用 VS2010. net 平台和 C++语言,开发了卫星激光测高数据处理软件 SLADPro v1.0 和卫星激光测高数据与影像联合平差软件 SIBAS v1.0。

其中 SLADPro v1.0 系统包括卫星激光测高数据处理以及激光足印点的基本显示与查询,算法功能包含基于地形匹配的激光测高仪在轨几何检校、大气改正、潮汐改正、足印点三维几何精确定位、激光高程控制点提取等,同时支持配置好工程参数后的一步自动化处理,以满足在卫星应用系统中日常业务化生产的需要,并预留了未来国产激光测高卫星中全波形数据处理、足印影像数据处理的程序接口。目前该软件系统能支持 GLAS 及我国资源三号 02 星上搭载的首台对地观测的试验性激光测高仪的数据处理。图 9.3 和图 9.4 为该软件系统的界面及部分功能模块操作面板。

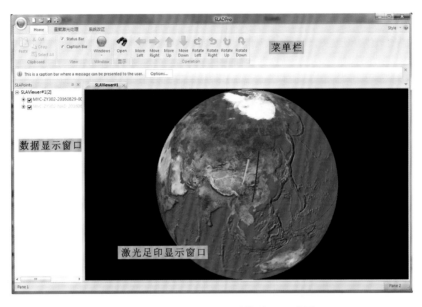

图 9.3　SLADPro v1.0 系统界面显示图

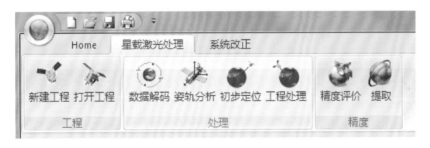

图 9.4　部分算法模块功能显示

　　资源三号 02 星的数据处理流程如图 9.5 所示,主要包括:原始数据解码、几何初定位、大气改正、潮汐改正、几何精定位、高程精度初步评价,将步骤进行分解如下。

　　(1)原始数据解码:将以轨道为单位推送的原始数据进行解码,并对 GPS 测量数据、姿态测量数据、激光测量数据进行分类。

　　(2)初始坐标解算:通过激光的发射时刻和渡越时间,计算激光的测距值、发射时卫星的位置和姿态;采用激光几何定位模型,计算激光足印点的初始坐标信息。

　　(3)根据激光足印粗定位结果及时间信息进行大气延迟改正和潮汐改正。

　　(4)采用事后处理的精密轨道、精密姿态以及几何检校参数对激光足印点进行精确三维坐标解算。

　　(5)对高程精度进行统计分析,采用 AW3D30 参考数据提取激光高程控制点。

　　对于带波形的 GLAS 则需要经过全波形处理后得到激光测距值,之后再按上述过程

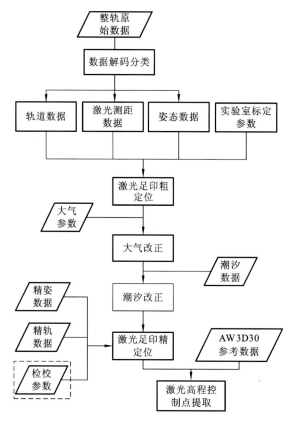

图 9.5　资源三号 02 星激光测高数据处理流程图

进行三维坐标的解算。目前的大气延迟改正输入参数主要选择 NCEP 官方网站上每隔 6 小时免费发布的 1°×1° 的全球大气参数,潮汐改正则采用 IERS 公布的相关数值和计算模型。其中 GLAS 按其原始 ANC08、ANC09、ANC04 数据输出坐标系为 TOPEX/Poseidon 椭球,资源三号 02 星激光测高数据输出坐标的参考椭球为 WGS84,高程类型均为大地高。

　　SIBAS v1.0 系统主要支持外业控制点、广义激光高程控制点、影像控制点库等多类控制数据参与联合平差,提供基于平移变换、仿射变换、视线向量变换等多种补偿模型,重点实现 GLAS 激光高程控制点的自动提取、激光测高数据与资源三号立体影像的联合平差等功能,可有效提高资源三号的无控高程精度。图 9.6 为 SIBASv1.0 的操作界面图,左侧为参与平差计算的资源三号传感器校正影像,中间为整个区域的点位和影像分布示意图,右侧为控制点、连接点的相关属性信息表。

　　GLAS 激光高程控制点自动提取模块主要实现了 7.2 节中提出的多参数多准则的激光高程控制点自动提取算法,主要功能包括查询范围、参考地形数据选择、各类筛选参数阈值设定等,软件模块的界面如图 9.7 所示。目前已经完成了 GLAS 全球数据的收集和全国激光高程控制点的整理工作,下节将对 GLAS 数据的精度及分布进行介绍。

　　相关软件系统已经在资源三号 02 星激光测高数据处理中得到工程化应用,后续将逐

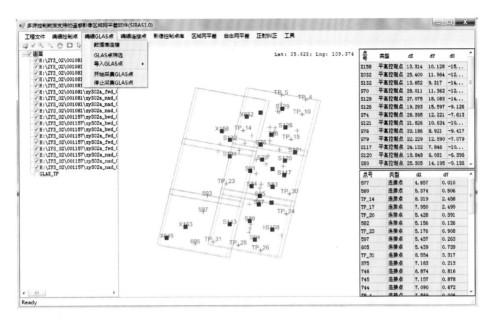

图 9.6　SIBAS v1.0 软件操作界面图

图 9.7　GLAS 高程控制点自动提取模块界面示意图

步完善国产卫星激光测高数据全波形处理、带足印影像的激光测高数据与立体影像自动匹配等功能模块,争取在高分七号、陆地生态系统碳监测卫星中得到推广应用。

9.3　卫星激光测高数据工程化处理

本节主要介绍依托开发的相关软件系统开展的相关数据处理与应用工作,其中包括 GLAS 激光测高数据处理、高程控制点提取和精度验证,资源三号 02 星激光测高数据处理及精度验证,以及激光高程控制点在全球测图工程中的应用。

9.3.1　GLAS 激光测高数据处理

选取了 2009 年 3 月 24 日 12:00 到 3 月 25 日 12:00 的 ICESat/GLAS 数据,参与计算的包括 GLAS 的 1A 级 GLA01 中的波形参数,0 级辅助文件中用于计算 ICRF 到 ITRF 的 ANC04 文件、卫星轨道数据 ANC08 文件、激光指向数据 ANC09 文件,结合大气和潮汐改正值,利用前述的严密几何模型计算每个激光足印点的三维空间坐标,并与 2 级产品 GLA14 中的结果进行对比,同时结合世界气象组织 WMO(World Meteorological Organization)公布的大气参数对基于 NCEP 参数的气压计算模型进行了验证。相关计算过程见 5.7.2 小节的有关说明,其中 GLAS 的 1A 和 2 级数据产品从 NSIDC 网站下载而来,辅助文件经沟通后得到。图 9.8 为所选的 GLAS 激光足印点空间分布示意图,不包括海洋区域的数据。

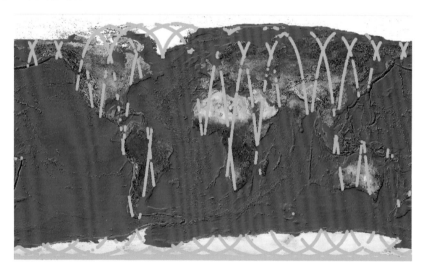

图 9.8　2009 年 3 月 25 日的 ICESat/GLAS 数据覆盖示意图

由 3.5 节可知,计算大气折射对激光距离的影响核心在地表大气压的精确计算,而且按式(3.47)估算,基本每 1 mba 的大气压误差对应约 2.3 mm 的距离误差。通过数值积分的方式可以从 NCEP 大气参数中计算出激光足印点所在位置的地表大气压。而气象探空站点通过野外实地测量,能获取每天 GMT 时间的 0 点和 12 点高精度的气象数据,包括大气压强、温度、水汽压、相对湿度等信息,WMO 对外公开了这些站点的气象数据。因此,通过比较由 NCEP 计算出的气象站所在位置的地表气压值以及气象站实地测量的结果,能够反映地表气压计算模型的误差,按 1 mba 约对应 2.3 mm 延迟可推算出距离改正误差。

选择了 2009 年 3 月 25 日 0 点 WMO 公布的我国境内 82 个气象站的地表气压实测数据,同时与 NCEP 计算出的大气压进行对比,差值结果如图 9.9 所示,统计结果见表 9.2。

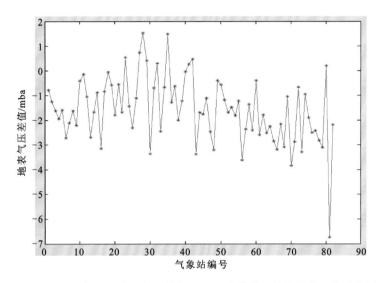

图 9.9　WMO 气象站实测气压值与 NCEP 数值模型计算值的差值示意图

表 9.2　实测气压值与计算值的差值及引起的测距误差统计表

误差	绝对值最大值	绝对值最小值	均值	标准差
气压误差/mba	6.732	0.055	−1.583	1.325
距离误差/mm	15.820	0.129	−3.720	3.114

从表 9.2 可以看出,基于 NCEP 大气参数按 3.5 节计算出的大气压与气象站点实测的大气压差值标准差为 1.325 mba,因此,引起的测距误差仅为 3.114 mm,说明采用 NCEP 免费发布的 1°×1° 全球大气参数可以满足激光测距大气延迟改正的修正。当然,该项改正的前提是大气透过率良好,如果有云、雾霾等影响,如何进一步消除大气的散射引起的测距误差还需未来进一步深入研究。

此外,在 GLAS 的 1B 级产品 GLA06 文件中包含各类潮汐改正参数,其中固体潮改正值每秒提供两个值。本节采用 IERS2010 固体潮模型解算模型计算 GLAS 足印点的固体潮改正值,并与 GLA06 文件中的固体潮改正值进行对比,统计 2009 年 3 月 25 日的固体潮改正误差平均值为 1.34 mm,中误差为 2.11 mm,而 GLAS 数据产品标称其固体潮改正误差优于 1.0 cm,因此,可认为利用 IERS2010 固体潮模型,可基本消除固体潮影响,误差在 1.0 cm 左右,经改正后固体潮对激光足印点坐标的影响基本可忽略。表 9.3 显示的是基于几何模型计算的结果与 GLAS 产品中的激光足印点三维坐标误差对比统计结果,在沿轨和垂轨方向误差基本可忽略不计,而高程方向的误差与波形重心提取精度有关。

表 9.3　基于模型计算的结果与 GLAS 误差对比统计表　　　　　　(单位:cm)

参数	垂轨方向	沿轨方向	大地高
最小值	−5.18	−7.11	−19.98
最大值	5.76	6.14	19.42
平均值	0.06	−0.25	−1.70
中误差	2.52	3.24	11.34

由表 9.3 可以看出,对卫星激光测高卫星严密几何模型的研究能有效地实现激光足印点三维坐标的精确计算。在与 GLAS 数据进行基于模型的对比时,其平面方向差值基本在厘米级,最大差值也仅在 7 cm 左右。高程方向中误差在 15 cm,最大误差约20 cm。

9.3.2　资源三号 02 星激光测高数据处理

资源三号 02 星试验性激光测高仪于 2016 年 6 月 24 日第一次开机,成功获得第一轨试验性激光测高数据,2016 年度共获得了 44 轨数据,基于 SLADPro v1.0,已经实现了目前 02 星所有激光测高数据的工程化处理,数据分布如图 9.10 所示。图中红色代表两轨比较特别的数据,其中位于中国境内的一轨为卫星夜间升轨时开机获得的激光测高数据,另一轨则位于境外的北美地区。资源三号 02 星激光测高仪的每轨开机时间大约为10 min,获得的点数在 800～1 000 个,目前获得的总点数为 35 314 个。本节对资源三号02 星目前的 44 轨数据处理完后,采用公开版的分辨率为 30 m 的 AW3D30 和 EGM2008对激光点的高程进行统计分析,并保留高差小于 2.0 m 和 5.0 m 的激光点,同时采用华北

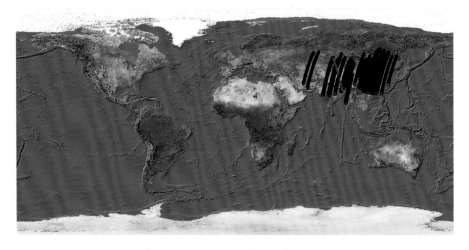

图 9.10　资源三号 02 星 44 轨激光测高数据分布示意图

某地高精度的 1∶2 000 DEM 数据进行精度验证(李国元 等,2017a)。

　　针对资源三号 02 星获取的 44 轨激光测高数据,采用在轨几何检校后的参数以及精密轨道参数,计算出激光足印点的三维坐标,结合 AW3D30 数据进行高程精度分析,对不同高差的点数所占比例进行统计,结果如表 9.4 所示。从表 9.5 可以看出,总体而言,资源三号 02 星的 44 轨激光测高数据,高程精度与参考 DSM 高差小于 2 m 的点所占比例为 10.37%,总数为 3 661 个;小于 5 m 的为 23.89%,总数 8 435 个。为了分析高程精度与地形的对应关系,选取其中的若干轨数据进行地形因素的相关分析。目前资源三号 02 星激光测高仪的地面足印点直径接近 120 m,因此,本节从 AW3D30 中选择 4×4 的格网大小,按式(6.4)和式(6.5)计算出激光足印点对应地面光斑内地形的坡度(倾斜角)和粗糙度。

表 9.4　资源三号 02 星 44 轨激光测高数据高程精度统计表

序号	轨道号	时间	总数	无效	$\|dh\|<2\,000$ m	$\|dh\|<15$ m	$\|dh\|<5$ m	$\|dh\|<2$ m	$\|dh\|<5$ m 百分比	$\|dh\|<2$ m 百分比
1	382	2016.6.24	472	14	319	296	268	144	56.78	30.51
2	656	2016.7.12	670	67	178	138	108	55	16.12	8.21
3	900	2016.7.28	911	43	38	26	15	4	1.65	0.44
4	913	2016.7.29	710	71	75	27	20	10	2.82	1.41
5	914	2016.7.29	706	44	450	334	308	148	43.63	20.96
6	915	2016.7.29	810	87	166	125	103	59	12.72	7.28
7	929	2016.7.30	706	48	402	297	256	150	36.26	21.25
8	930	2016.7.30	825	145	316	245	197	101	23.88	12.24
9	944	2016.7.31	862	47	569	418	320	102	37.12	11.83
10	945	2016.7.31	762	77	290	243	174	96	22.83	12.60
11	959	2016.8.01	619	31	376	252	174	69	28.11	11.15
12	960	2016.8.01	315	15	247	221	196	108	62.22	34.29
13	984	2016.8.02	813	335	421	350	289	115	35.55	14.15
14	990	2016.8.03	709	36	439	342	291	160	41.04	22.57
15	991	2016.8.03	906	71	541	429	326	153	35.98	16.89
16	1004	2016.8.04	458	68	165	125	66	31	14.41	6.77
17	1005	2016.8.04	825	50	421	347	304	135	36.85	16.36
18	1006	2016.8.04	885	127	522	413	354	133	40.00	15.03
19	1021	2016.8.05	819	104	458	370	247	128	30.16	15.63
20	1035	2016.8.06	970	89	317	186	141	53	14.54	5.46
21	1036	2016.8.06	527	76	237	188	165	88	31.31	16.69
22	1050	2016.8.07	589	12	82	62	57	27	9.68	4.58

序号	轨道号	时间	总数	无效	|dh|<2 000 m	|dh|<15 m	|dh|<5 m	|dh|<2 m	|dh|<5 m 百分比	|dh|<2 m 百分比
23	1051	2016.8.07	746	76	434	319	250	142	33.51	19.03
24	1052	2016.8.07	946	75	259	221	190	58	20.08	6.13
25	1067	2016.8.08	926	85	149	113	89	38	9.61	4.10
26	1081	2016.8.09	890	69	331	230	171	69	19.21	7.75
27	1082	2016.8.09	918	121	344	269	189	91	20.59	9.91
28	1083	2016.8.09	905	3	842	786	689	272	76.13	30.06
29	1111	2016.8.11	1058	34	455	313	203	64	19.19	6.05
30	1112	2016.8.11	668	102	136	49	23	13	3.44	1.95
31	1143	2016.8.13	1048	118	413	308	239	92	22.81	8.78
32	1157	2016.8.14	1062	114	470	292	237	71	22.32	6.69
33	1172	2016.8.15	1070	72	463	358	243	95	22.71	8.88
34	1188	2016.8.16	699	67	128	76	61	27	8.73	3.86
35	1218	2016.8.18	825	101	138	77	43	12	5.21	1.45
36	1219	2016.8.18	933	112	435	338	183	57	19.61	6.11
37	1220	2016.8.18	784	13	694	614	293	75	37.37	9.57
38	1233	2016.8.19	900	120	364	165	119	38	13.22	4.22
39	1248	2016.8.2	951	76	324	209	137	61	14.41	6.41
40	1263	2016.8.21	760	58	231	166	145	70	19.08	9.21
41	1264	2016.8.21	716	91	167	94	72	43	10.06	6.01
42	1309	2016.8.24	826	99	321	187	134	55	16.22	6.66
43	1385	2016.8.29	811	85	490	322	239	84	29.47	10.36
44	1476	2016.9.04	1 003	131	195	138	107	65	10.67	6.48
合计			35 314	4 378	14 812	11 078	8 435	3 661	—	—
所占比例/%				12	41.90	31.37	23.89	10.37	—	—

GBT12340—2008 中对于地形类别的描述如表 9.5 所示,其中当高差与地面倾斜角矛盾时,以地面倾斜角为准。

表 9.5　地形类别划分标准

地形类别	地面倾斜角	高差/m
平地	2°以下	<20
丘陵地	2°~6°	20~150
山地	6°~25°	150~500
高山地	25°以上	>500

选择资源三号 02 星的若干轨激光测高数据，采用 AW3D30 地形数据，统计不同地形类别下的激光足印点高程误差，结果如表 9.6 所示。其中有效点为位于该地形类别的总的点数，大部分有效点位于平地（2°以下）的区域，这与资源三号 02 星的设计参数基本一致。此外，由于高山地有效点基本为 0，未进行统计分析。对试验数据在不同地形下的均值和中误差进行对比显示，如图 9.11 所示。

表 9.6　不同地形条件下的资源三号 02 星激光测高数据与 AW3D30 高程对比统计

轨道号	平地（2°以下）			丘陵（2°~6°）			山地（6°~25°）		
	有效点	均值	中误差	有效点	均值	中误差	有效点	均值	中误差
656	149	0.854	5.943	5	9.320	17.977	5	12.816	17.869
914	329	0.458	5.355	29	11.088	15.318	33	12.247	18.713
915	123	0.920	5.099	14	7.348	14.301	9	11.357	18.047
929	323	0.837	7.452	20	9.872	13.439	17	8.940	14.200
944	447	0.343	6.835	47	10.383	15.83	17	13.165	17.291
945	246	1.619	5.470	19	9.330	14.050	5	12.691	16.547
959	292	1.191	8.610	41	6.647	15.160	7	2.746	16.526
991	446	0.475	5.908	19	8.547	15.961	27	14.516	18.698
1035	275	1.578	6.289	35	9.882	15.661	31	12.026	15.371
1050	326	2.297	3.609	2	6.874	7.845	4	12.347	15.284
1051	307	0.146	6.436	45	7.395	15.128	37	9.524	16.008
1081	238	1.045	6.865	30	7.253	12.885	32	12.875	17.348
1263	251	0.917	5.272	7	7.816	14.671	11	9.377	17.487
1476	152	0.531	5.923	9	0.640	9.873	6	16.255	17.661
总均值	—	0.944	6.076	—	8.028	14.149	—	11.491	16.932

注：单位：有效点为个，其他为 m

由表 9.6 和图 9.11 看出，资源三号 02 星激光足印点在坡度小于 2°的情况下高程精度能有一定保障，在丘陵与山地区域，精度相对较差。由于该参考地形数据 AW3D30 本身存在一定的高程误差，统计结果不能反映资源三号 02 星激光足印点真实的高程精度，但对于分析不同地形下的激光测高精度有一定参考价值。资源三号 02 星激光测高仪为试验性载荷，不具备全回波记录功能，因此，在提取高程控制点时暂不能完整采用本书的算法，但 7.2 节算法中第一步基于参考地形数据的粗差剔除可以借鉴使用。

如前所述，采用 AW3D30 作为地形参数数据对资源三号 02 星激光足印点进行筛选，为了进一步验证经 AW3D30 筛选后的激光测高数据绝对高程精度，选取了华北某地高精度的 DSM 数据作为参考，该 DSM 为 1∶2000 基础地理信息成果图，格网大小为 2.0 m，

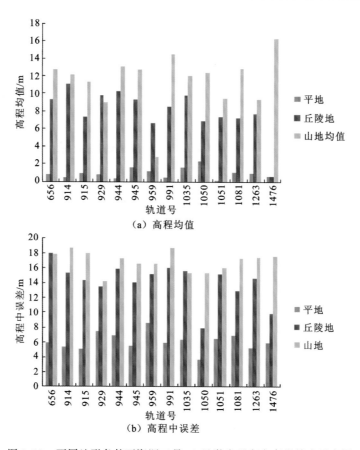

图 9.11 不同地形条件下资源三号 02 星激光足印点高程精度示意图

平面精度优于 1.0 m，高程精度平地优于 0.4 m，丘陵地区优于 0.7 m，平面坐标系为 WGS84，高程基准为 WGS84 大地高，该区域高程值范围为 $-16.613\sim11.617$ m，属于典型的华北平原区。2016 年 9 月 4 日资源三号 02 星第 1476 轨正好经过该区域，激光测高仪开机获得了部分有效激光测高数据，如图 9.12 所示，该区域离内蒙古的外业检校区有几百千米的距离，且激光获取时间与检校时间也有一定间隔，在时间和空间上有一定代表性，能反映出检校后的激光测高精度水平。

利用检校后的参数对第 1476 轨资源三号 02 星激光测高数据进行处理后，经统计，总共有 15 个激光足印点落在参考 DSM 的范围内，其中有 2 个属于硬件记录无效点（图 9.13 中的 499 和 507 号点），另有 4 个点高程明显大于 4 000 m，而该区域的最大高程不超过 100 m，因此，这 4 个点应该属于受云雾影响、虚警探测等导致的明显错误点，如图 9.13 中左侧的 495～498 四个点。对这 6 个点进行了剔除，余下 9 个点。针对这 9 个点，采用 AW3D30、1∶2 000 高精度 DSM 参考地形数据进行了精度评价。第 498 号点高程值与 AW3D30 高差大于 9.6 m，属于有疑问的点，以 5 m 作为阈值时该点会被剔除掉，统计余下的 8 个有效点的高程值及与参考 DSM 的高程对比情况。

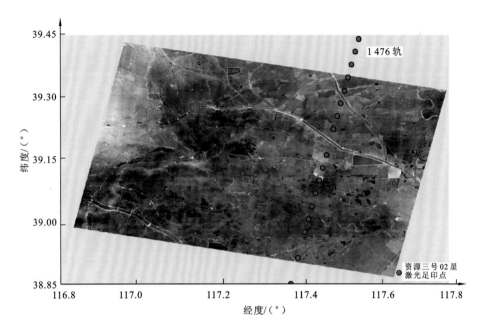

图 9.12　华北某地高精度 DSM 及资源三号 02 星激光足印点示意图

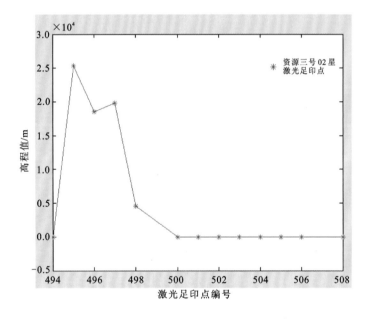

图 9.13　资源三号 02 星 1476 轨部分激光足印点高程示意图

高程对比试验中采用了两种统计方式,第一种是根据激光足印点的平面坐标直接从参考 DSM 中内插出高程,第二种根据激光足印点平面位置及光斑大小统计光斑范围内所有的 DSM 高程值的平均值,其中根据外场初步检校结论,足印光斑大小按 120 m 计算。最终统计结果如表 9.7 所示。

表 9.7　ZY3-02 星第 1476 轨部分激光足印点高程统计表

点编号	经度/(°)	纬度/(°)	大地高/m	与 AW3D30 高差/m	与 1∶2 000 DSM 高差/m	
					对应点	平均值
494	117.558 690	39.355 500	−5.432	−1.992	−1.602	−1.198
500	117.504 948	39.167 580	−3.550	−1.680	−0.206	−0.079
501	117.496 017	39.136 256	−3.997	−0.975	0.311	0.534
502	117.487 096	39.104 932	−7.737	−4.451	−1.860	−1.781
503	117.478 156	39.073 607	−4.430	−5.375	1.326	1.040
504	117.469 238	39.042 278	−4.866	−3.652	−0.235	0.334
505	117.460 337	39.010 948	−6.947	−2.349	−1.186	−1.182
508	117.433 636	38.916 982	−3.268	−1.962	1.149	1.454
统计		中误差		3.145	1.157	1.096
		最大误差		−5.375	−1.860	−1.781
		最小误差		−0.975	−0.206	−0.079

从表 6.10 可以看出,虽然该区域的激光足印点在空间与时间上与检校区均有一定间隔,但采用高精度的 1∶2 000DSM 进行验证,发现无论是采用邻近点内插还是取足印内 DSM 平均值的方式,其绝对高程精度均在 1.0 m 左右,最大误差也不超过 2.0 m,其中取足印内 DSM 平均值进行验证时其中误差为 1.096 m,最小误差为 0.079 m,8 个点中有 3 个点绝对高程精度优于 0.7 m,其余 5 个点也优于 1.5 m。这与资源三号 02 星激光测高仪设计的在平坦地区(坡度小于 2°)激光测距精度优于 1.0 m 的指标基本一致,与第 4 章中检校后精度验证的结果也基本一致。

前述第 6 章也通过 GPS-RTK 进行了平坦地区的高程精度验证,如表 6.10 所示。由于表 6.10 和表 9.7 均采用高精度的参考数据,其结论具有很强的参考价值,综合两个表的结论,基本可以得出检校后的资源三号 02 星激光足印点绝对高程在平坦区域接近或优于 1.0 m 的结论,而利用 AW3D30 参考数据通过设定一定阈值可以有效保留下高精度的资源三号 02 星激光高程控制点。目前可以初步认为,采用 AW3D30 数据并设定 5.0 m(AW3D30 的绝对高程精度为 5.0 m)的高差阈值,可以有效地提取出精度较高的激光足印点,筛选后会包含精度优于 2.0 m 甚至 1.0 m 的点,可作为高程控制点使用。

9.4　卫星激光测高数据的应用

9.4.1　在林业树高参数提取中的应用

林业碳汇是我国林业应对气候变化国家战略的基础支撑,国家森林碳汇抵排战略要求建设内涵全面、数据权威、模型可靠、参数合理、反应快速的森林碳汇计量监测国家体系,以测准算清森林碳汇,科学阐明中国生态建设和保护对应对气候变化的作用和贡献,服务好国家气候变化内政外交两个大局。采用卫星激光测高数据,测算大范围的森林树高及生物量、碳汇等森林参数,该方法已经得到国内外专家和林业有关部门的认同。围绕ICESat/GLAS 激光测高数据,国内外开展了大量的研究和应用工作(董立新 等,2011;邢艳秋 等,2009;Sun et al.,2008;庞勇 等,2007;Lefsky et al.,2005;王成 等,2005)。

选取位于吉林省汪清县长白山系的中低山区,采用 GLAS 激光全波形数据进行森林树高提取试验及精度验证。试验林区属于寒温带森林生态系统,地形表现为中部偏高,四周则较低。该林区总面积 304 173 hm²,96.2% 为森林经营面积,非林业用地面积仅占3.8%。该区域植物种类繁多,结构复杂,在林区茂盛的深山区主要是以针叶林和落叶林混交分布,如红松、云杉等针叶林以及椴树、枫桦等阔叶林。

根据试验区范围、GLAS 数据获取时间及质量选取覆盖汪清林业局林业区的共计 20组有效数据,对森林树高提取进行研究,如图 9.14 所示为某一波形数据及其对应的影像。

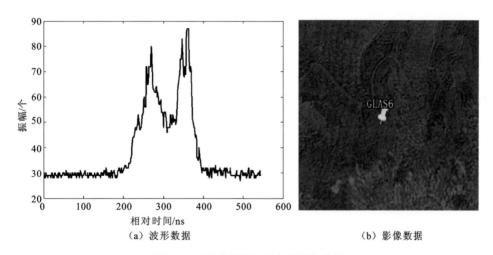

　　　　　(a) 波形数据　　　　　　　　　　　　　(b) 影像数据

图 9.14　波形数据及对应的影像数据

验证数据是 2006 年间前往汪清县林业局经营区的森林区域,通过已知的 GLAS 光斑覆盖数据,进行实地踏勘、选取样本点,最终完成测量。由于森林内地形复杂、且树木已生长多年,条件较为困难,部分实测数据并不是严格的 GLAS 光斑中心点位置。但为了尽可能保证数据真实,尽最大可能靠近 GLAS 的光斑中心位置,并选取以该点位为中心、半径为 50 m 的圆形区域作为一个样本空间,采集并记录样本空间内所有树木的高度信息,计算样本空间的最大树高和真实树高,如表 9.8 所示。

表 9.8 实测样本点位置及树高数据

序号	经度/(°)	纬度/(°)	$h_{\max}$最大树高/m	h_{mean}平均树高/m
1	130.494 597	43.238 789	18.40	15.04
2	130.494 294	43.240 337	23.40	16.32
3	130.471 853	43.353 392	23.50	20.46
4	130.471 543	43.354 941	23.50	21.48
5	130.469 669	43.364 215	13.30	10.67
6	130.485 401	43.232 715	20.60	17.23
7	130.640 859	43.195 901	16.70	12.90
8	130.640 547	43.194 359	16.60	13.24
9	130.640 233	43.192 817	26.70	17.09
10	130.639 921	43.191 277	16.10	13.42
11	130.481 384	43.228 437	16.50	15.32
12	130.467 853	43.296 643	26.40	21.74
13	130.699 629	43.555 429	17.50	15.28
14	130.697 805	43.546 14	24.50	15.30
15	130.696 885	43.541 493	18.60	15.02
16	130.694 708	43.530 643	22.70	19.77
17	130.694 394	43.529 099	19.80	16.78
18	130.694 08	43.527 554	20.50	16.68
19	130.693 766	43.526 009	19.0	16.92
20	130.689 707	43.505 893	21.10	18.41

分别采用奇偶拐点高斯分解法、findpeaks 峰值判定法及基于波峰自动识别法的三种高斯分解法对波形进行高斯分解实验,并利用分解后的波形特征参数提取对应样本的最大树高及平均树高(崔成玲,2016)。GLAS 光斑内最大树高估算公式采用董立新等(2011)的树高估算模型,如式(9.1)所示;光斑内的平均树高计算公式则采用式(9.2)所示。三种方法利用估测模型提取的树高结果与实测数据的对比结果如表 9.9所示。

$$H = w \times \text{BinSize} \tag{9.1}$$

$$H = p \times \text{BinSize} \tag{9.2}$$

其中:w 为波形长度;p 为波峰长度;BinSize 为 GLAS 每帧数据对应的距离大小,约0.15 m。

表 9.9　三种方法树高提取结果与实测数据对比　　　　（单位：m）

序号	树高类型	奇偶拐点法		峰值判定法		基于波峰自动识别法	
		树高	差值	树高	差值	树高	差值
1	h_{max}	15.20	3.20	19.20	-0.80	19.50	-1.10
	h_{mean}	13.35	1.69	12.35	2.69	11.09	3.95
2	h_{max}	17.68	5.72	18.64	4.76	21.00	2.40
	h_{mean}	17.55	-1.23	16.55	-0.23	13.10	3.22
3	h_{max}	25.50	-2.00	26.32	-2.82	19.95	3.55
	h_{mean}	14.85	5.61	15.05	5.41	17.25	3.21
4	h_{max}	26.20	-2.70	20.20	3.30	26.85	-3.35
	h_{mean}	9.90	11.58	11.32	10.155	19.30	2.18
5	h_{max}	11.20	2.10	11.28	2.02	16.65	-3.35
	h_{mean}	10.05	0.62	10.05	0.62	8.75	1.92
6	h_{max}	24.00	-3.40	23.00	-2.40	21.15	-0.55
	h_{mean}	18.45	-1.22	17.15	0.08	19.50	-2.27
7	h_{max}	15.25	1.45	15.25	1.45	16.50	0.20
	h_{mean}	14.45	-1.55	14.45	-1.55	10.05	2.85
8	h_{max}	17.80	-1.20	18.80	-2.20	14.55	2.05
	h_{mean}	12.30	0.94	11.93	1.31	13.60	-0.36
9	h_{max}	23.40	3.30	22.65	4.05	24.00	2.70
	h_{mean}	19.65	-2.56	18.39	-1.30	18.20	-1.11
10	h_{max}	15.50	0.60	14.85	1.25	17.10	-1.00
	h_{mean}	8.55	4.87	9.57	3.85	14.25	-0.83
11	h_{max}	18.65	-2.15	18.95	-2.45	19.20	-2.70
	h_{mean}	15.75	-0.43	17.75	-2.43	15.05	0.27
12	h_{max}	23.50	2.90	22.54	3.86	28.95	-2.55
	h_{mean}	16.50	5.24	17.56	4.18	17.65	4.09
13	h_{max}	21.34	-3.84	19.68	-2.18	14.40	3.10
	h_{mean}	14.10	1.18	13.61	1.67	13.20	2.08
14	h_{max}	21.32	3.18	13.32	11.18	27.0	-2.50
	h_{mean}	15.60	-0.30	18.78	-3.48	12.40	2.90
15	h_{max}	17.10	1.50	19.10	-0.50	16.50	2.10
	h_{mean}	15.60	-0.58	16.78	-1.76	13.20	1.82
16	h_{max}	25.60	-2.90	26.86	-4.16	24.30	-1.60
	h_{mean}	16.70	3.07	17.17	2.60	23.0	-3.23
17	h_{max}	17.20	2.60	16.29	3.51	20.25	-0.45
	h_{mean}	15.00	1.78	14.23	2.55	13.50	3.28
18	h_{max}	25.00	-4.50	24.08	-3.58	21.0	-0.50
	h_{mean}	14.70	1.98	13.70	2.98	19.35	-2.67

序号	树高类型	奇偶拐点法		峰值判定法		基于波峰自动识别法	
		树高	差值	树高	差值	树高	差值
19	h_{max}	16.00	3.00	16.11	2.89	19.95	−0.95
	h_{mean}	12.45	4.47	13.15	3.77	11.50	5.42
20	h_{max}	15.60	5.50	17.60	3.50	20.85	0.25
	h_{mean}	14.25	4.16	15.15	3.26	17.20	1.21

将三种方法估测的最大树高与平均树高做成相关图便于直观地显示估测数据与真实数据之间的关系,如图 9.15 和图 9.16 所示。

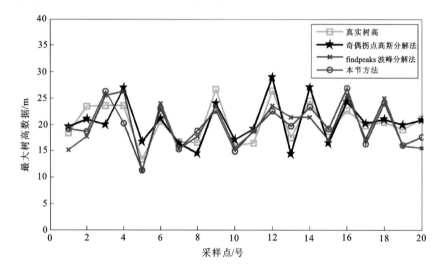

图 9.15　三种方法估测的最大树高与实测数据对比

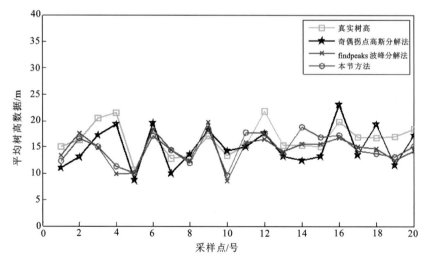

图 9.16　三种方法估测的平均树高与实测数据对比

用于森林树高提取的精度评价指标有平均误差及均方根误差,计算结果如表 9.10 所示。

表 9.10　三种方法树高提取精度指标对比　　　（单位：m）

评价指标	树高类型	奇偶拐点高斯分解法	峰值判定的高斯分解法	本节算法
平均误差	最大树高	−0.21	0.62	0.53
	平均树高	1.39	1.96	1.72
均分根误差	最大树高	2.16	3.16	2.89
	平均树高	2.76	3.79	3.53

　　由表 9.10 可知,最大树高的估测精度比平均树高的估测精度要高,且奇偶拐点法估测最大树高的平均误差是三种方法中的唯一负值,说明该方法估算的最大树高值偏小,但是由于绝对值相对于其他两种方法较小,估算精度较高。出现上述结论的主要原因是,虽然奇偶拐点高斯分解法计算量较大,但是能更多地保留可能存在的峰值信息,进而进行后续的波峰剔除与合并。因此,精度较高,最接近真实值;峰值判定方法虽然计算量较小,但是由于其高斯分量的部分参数由人为定义,无法根据接收波形的特征随之进行调整,确定的最大树高或者平均树高都和真实树高值之间的偏差较大;而本节所改进的基于波峰自动识别的全波形数据高斯分解算法进行树高估算的效果优于峰值判定法,但是与较为成熟的奇偶拐点高斯分解方法还存在一定的距离,原因是采用 Matlab 库函数 findpeaks 确定波形非峰值位置时可能会错过一些较小的峰值信息,导致峰值位置估算发生偏移。虽然如此,但该方法能够在计算量方面优于奇偶拐点的高斯分解法,特别是在大范围树高估算且要求一定精度的时候,该方法能得到较好的应用。由此可见,通过改进后的波形分解方法能较好地用于估测森林树高,具有一定的实用效果。

9.4.2　在冰盖监测中的应用

　　国内外学者针对卫星激光测高数据在冰盖高程及其变化监测方面开展了大量的研究工作(季青 等,2016;Kern et al.,2015;Xie et al.,2013;Price et al.,2012;Schenk et al.,2012;Moholdt et al.,2010;李建成 等,2008)。与卫星雷达测高方法类似,卫星激光测高能通过连续多期形成交叉轨迹或重复观测数据来评估南北极冰盖表面高程变化,但不同于卫星雷达测高几千米的足印大小,激光测高数据的光斑直径更小,可以更好反映真实的冰盖高程变化。选择 ICESat/GLAS 激光测高系统从 2003 年 3 月有至 2009 年 3 月激光高程数据,对格陵兰岛海拔 2 000 m 以上区域进行冰盖高程变化监测,结合 GLAS 交叉和重复脚点的统计结果,分析 7 年间格陵兰岛冰盖高程变化,并比较了交叉点和重复点监测方法的优缺点(马跃 等,2015)。

1. 激光足印交叉点和重复点计算方法

卫星绕地球飞行过程根据南北方向变化分成上升轨道(ascending pass)和下降轨道

(descending rass)。在相同地区,升轨和降轨的卫星星下点轨迹在相同参考椭球面上的交点称为交叉足印点对(crossing track footprint pairs)。通常采用将卫星升轨和降轨飞行星下点位置的纬度和经度分别进行二次多项式拟合,再求解拟合所得两个二次多项式得到交点粗略位置的方法。在升轨和降轨轨迹点序列中找到与粗略交叉脚点最近的测量点,以该点为中心向两侧各扩张 5 个测量点。并根据升轨和降轨数据分别得到的 11 个测量点进行直线拟合,拟合出的直线方程求精确交叉脚点位置,此过程需要迭代运算,直到求得的直线交点,即精确交叉脚点收敛为止。ICESat 激光脚点间距为 170 m,在高纬度的极地地区脚点经度间隔较大,大于 10^{-3}°,收敛条件为前后两次直线拟合所得精确交叉点位置经度和纬度差值均小于 10^{-4}°。

理想情况下,测高卫星的地面轨迹或光斑轨迹将精确重复,即在某一时间沿同一轨迹的高程可以直接与另一时间的高程比较。但由于地球重力场的非球形对称、大气阻力、日月引力作用及太阳光压等的影响引起卫星轨道摄动,实际上并不能形成完全重复轨道。

因此,只能寻找半重合或接近完全重合的激光脚点作为重复点。ICESat 星下点光斑直径约 70 m,则两点距离小于 65 m 视为重复点。ICESat 卫星运行在 91 天周期的测量轨道和 8 天周期的标定轨道,其轨道分类在 GLA12 头文件中使用参考轨道(reference orbit)给出。头文件同时给出了在参考轨道中每个测量轨迹的轨道编号(track),参考轨道和轨道编号都相同的测量轨迹为候选重复轨道数据。使用白塞尔大地主题反算地球表面两点间大地线长,判断星下点间距离是否小于阈值。

2. ICESat 数据筛选和粗差剔除

对 GLA12 高程数据进行筛选以减小器件误差影响,其中包括 i_AttFlg1 激光指向质量,i_sigmaatt 卫星姿态质量,i_satCorrFlg 饱和改正质量,i_ElvuseFlg 高程结果质量等标识数据,以上标识为警告或者被区分为坏的数据都予以剔除。

在交叉点内插计算高程变化时,如果激光足印点不连续,将导致用于计算交叉点的内插候选点间距过远,不能真实反映交叉位置内插高程,这种交叉点予以剔除。此时得到的交叉点高程差仍存在较明显粗差,原因包括云层和气溶胶的前向散射或者反射地表斜率、粗糙度影响,采用 3-sigma 原则进一步消除粗差数据,如式(9.3)所示,sigma 为高程差的标准差,下标 AD 和 DA 分别表示 i 年升轨轨迹与 j 年降轨轨迹交叉点和 i 年降轨轨迹与 j 年升轨轨迹交叉点,n 表示交叉点数量。

$$\text{sigma} = \sqrt{\frac{n_{\text{AD}} \text{sigma}_{\text{AD}}^2 + n_{\text{DA}} \text{sigma}_{\text{DA}}^2}{n_{\text{AD}} + n_{\text{DA}}}} \tag{9.3}$$

重复点高程差也通过 3-sigma 原则进行粗差剔除。最后,由于整个格陵兰 2 000 m 海拔以上区域并不平坦,从 2 000 m 直至 3 500 m,相比于南极的 Dome A 和 Vostok 湖地区较为崎岖。为了防止所得 sigma 较大,无法剔除超过 1 m 以上高程差的交叉和重复点,直接剔除高程差超过 1 m 以上的点。

3. 格陵兰 2 000 m 海拔以上冰盖的变化监测

对剔除粗差后剩余 30 000 多对各个年份 3 月份交叉点高程差数据计算均值,得出表示平均高程变化集合的上三角矩阵,同一年 3 月份升降轨的自相关高程变化数值都在 ±1 cm 以内;进一步计算相邻年份平均高程变化、相邻年份标准差、累积高程变化和整体标准差;其中累积高程变化通过前行向后行累加,整体标准差通过相邻年份标准差的加权平均计算得出计算,结果如表 9.11 所示。

表 9.11　2003 年 3 月～2009 年 3 月格陵兰 2 000 m 以上冰盖相邻和累积高程变化

（单位:cm）

参考年	2004～2003 年	2005～2004 年	2006～2005 年	2007～2006 年	2008～2007 年	2009～2008 年
2003.3	19.70	−11.22	24.23	−1.46	−4.05	4.53
2004.3	—	−11.52	24.94	−1.00	−1.37	4.25
2005.3	—	—	26.22	−2.55	−3.87	2.79
2006.3	—	—	—	−1.08	−0.62	4.47
2007.3	—	—	—	—	−1.91	3.17
2008.3	—	—	—	—	—	2.82
相邻年变化均值/cm	19.70	−11.37	25.13	−1.53	−1.98	3.67
相邻年变化标准偏差/cm	—	0.21	1.01	0.71	1.21	0.83
累计高程变化/cm	19.70	8.33	33.46	31.93	29.95	33.62

使用一次多项式对 7 年间累积变化进行拟合,得到高程变化趋势为 +3.80 cm/a,标准差均值为 0.91 cm,这与 Slobbe 得出的 2003～2007 年间冰盖高程整体增长趋势结论一致。通过表 9.11 变化趋势可以看出,该地区冰盖在 2004～2003 年和 2006～2005 年间呈快速增长趋势,2005～2004 年间则有迅速减少,其余年间变化较为缓和。

图 9.17 中显示的部分年份交叉和重复点结果进一步表明,格陵兰西部冰盖高程呈减小趋势,而中东部则呈增加趋势,这两块小区域的不同变化趋势导致了整体标准差接近 1 cm。图 9.17 中交叉和重复点所得不同小区域高程变化趋势相同,然而重复点覆盖密度差别非常明显,部分区域没有结果,部分区域集中大量结果,ICESat 卫星在格陵兰北部地区轨迹间隔约 10 km,南部则达约 30 km。表 9.12 展示了其中 2005～2009 年交叉点和重复点数量以及平均高程变化对比,结果显示交叉点和重复点计算的变化趋势一致,重复点数量远多于交叉点(约 4～15 倍)。虽然重复点结果更多,但其分布的不均匀导致高程变化标准差远大于交叉点结果。

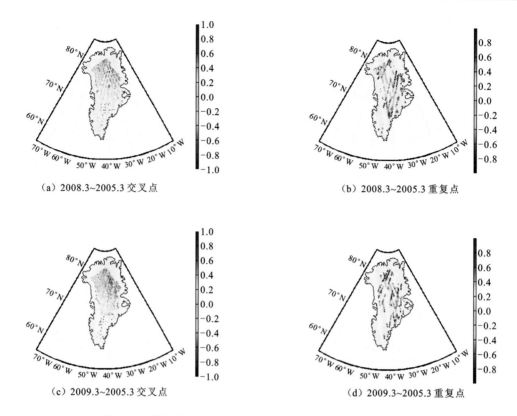

（a）2008.3~2005.3 交叉点　　　　　　　　　（b）2008.3~2005.3 重复点

（c）2009.3~2005.3 交叉点　　　　　　　　　（d）2009.3~2005.3 重复点

图 9.17　格陵兰 2 000 m 以上冰盖交叉点和重复点高程差对比

表 9.12　2005～2009 年间冰盖交叉和重复点高程变化对比

相邻年		2006~2005 年	2007~2006 年	2008~2007 年	2009~2008 年
交叉点	点数	4 492	3 916	5 521	6 492
	高程变化/cm	25.13	−1.53	−1.98	3.67
重复点	点数	65 194	26 107	37 774	26 449
	高程变化/cm	20.48	−5.64	−4.05	8.62

9.4.3　在航天摄影测量中的应用

　　基于激光高程控制点自动提取方法，目前已经实现了全国范围的 GLAS 激光高程控制点的提取工作，国内保留下的 GLAS 点总数约 40 万个，点位分布示意图如图 9.18 所示。依托开发的高程控制点自动提取模块，境外区域的 GLAS 高程控制点自动提取也能按需实现。

　　从图 9.18 可以显著地看出，在华北平原、内蒙古草原、西部沙漠等地形平坦区域保留下的点比较密，而在西南部的青藏高原地区则比较稀疏。局部放大图如图的右侧所示，在最密集区域点间距约 170 m。

　　针对目前资源三号 02 星试验性激光测高仪获得的数据，利用 AW3D30 参考地形数

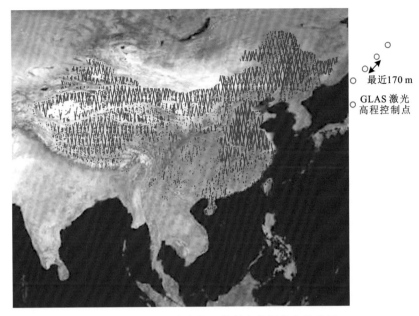

图 9.18　GLAS 激光高程控制点数据分布示意图

据进行筛选提取,设定 5 m 和 2 m 作为阈值,在不同的阈值条件下保留的可用激光点分别为 8 435 个和 3 661 个,如图 9.19 显示的是按 2 m 阈值筛选保留下的资源三星 02 星激光高程控制点分布示意图。

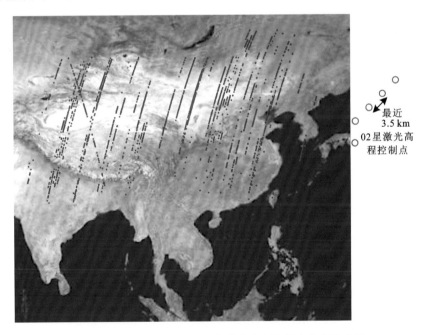

图 9.19　资源三号 02 星获得的激光高程控制点分布示意图

在资源三号卫星影像生产过程中,原国家测绘地理信息局卫星测绘应用中心的周平等(2016)采用本书自动提取的 GLAS 高程控制点和联合平差方法,在湖北省开展了 1 200 余景的大规模影像与激光联合处理与应用。结果也表明,采用 GLAS 激光高程控制点数据与资源三号立体影像联合平差,该区域影像无控高程精度可从 7.19 m 提高到 2.49 m,相关结论与本书基本一致。

此外,我国正在大力推进"全球地理信息资源建设"工程,作者及团队针对资源三号卫星影像高精度全球无控测图应用需求,依托卫星测绘应用中心的生产部门,在东南亚、中亚等区域进行了大范围的激光与影像联合无控立体测图的工程实践。

由于资源三号 02 星激光测高数据数量和分布有限,目前在全球测图中的工程化应用利用率还不是很高,大部分还需要依赖 GLAS 激光高程控制点,但 8.3 节通过大量的试验分析,证实了联合资源三号 02 星激光与影像数据可以有效提升立体影像的无控高程精度,相信随着国产卫星激光测高数据的积累以及应用的不断深入,利用我国自主的卫星激光测高数据和光学影像实现全球范围业务化应用的无控点高精度立体测图一定会变为现实。

第10章　卫星激光测高系统展望

以资源三号02星搭载的试验性激光测高载荷为起点,未来几年我国将进入卫星激光测高快速发展时期。资源三号03星已经明确将装备业务化应用的激光测高仪,高分七号、陆地生态系统碳监测等卫星也已正式立项,并将装备同时具有全波形和足印影像的激光测高系统。对地观测激光测高卫星体系有望在不久的将来真正形成。本章对高分七号、陆地生态系统碳监测等国产卫星上的激光测高系统进行介绍,同时提出几点思考,期待能为更多研究和技术人员参与国产激光测高卫星的发展提供参考。

10.1　国产高分七号卫星激光测高系统

我国即将发射高分辨率空间立体测绘卫星"高分七号"(图10.1),该卫星是国家高分辨率对地观测系统的重要组成部分,采用两线阵可见光相机和激光测高仪复合测绘体制,主要用于完成1∶10 000比例尺国家基础地理信息测绘任务,获取的高分辨率立体影像数据将在基础测绘、地理国情监测、全球地理信息保障、应急测绘、城乡规划、数字城市、农业遥感监测、人口普查与调查、绿色经济与碳汇统计等领域实现应用(唐新明 等,2016;高菲,2014)。

图10.1　高分七号卫星工作示意图

高分七号卫星激光测高仪通过计算激光发射和接收之间的时间差来进行卫星和地球表面距离的测量,同时激光测高仪足印相机能够获取地面激光光斑足印位置,结合激光足印的位置和激光回波信息提取激光足印点地面光斑位置的数字高程信息。高分七号卫星激光测高分系统设计主要的指标如表 10.1 所示。

表 10.1　高分七号卫星激光测高分系统主要设计指标

指标	设计值
测量范围/km	450～600
测量精度/m	≤0.3(坡度小于 15°)
激光波束	2 波束
激光重复频率/Hz	3
单脉冲激光能量/mJ	初期不低于 180±2,激光器工作 1×10⁸ 次后,脉冲能量衰减不超过 10%
激光器工作波长	1 064 nm±0.5 m
激光发散角/μrad	≤60
激光脉冲宽度/ns	≤8
激光发射和回波全波形采样频率/GHz	≥1
激光发射和回波量化位数/bit	10
回波探测增益	回波双通道并行接收,各通道增益可调
足印相机地面像元分辨率/m	≤3.2@505.984 km
足印相机视场角/(°)	≤±0.1
足印量化位数/bit	10

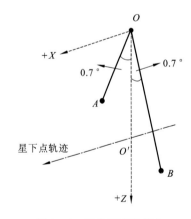

图 10.2　激光光束的指向

1. 激光发射器极性

以卫星前进方向为 X 轴正向,天底点方向为 Z 轴正向,Y 轴遵循右手准则。高分七号卫星装备了两波束的激光测高仪,其中位于 $+Y$ 侧的激光器定义为 a,位于 $-Y$ 侧的激光器定义为 b,两束激光指向在激光测高仪坐标系中的示意图如图 10.2 所示。A、B 分别为两束激光发射器光轴指向地表位置,发射器光轴 OA 和 OB 位于与轨道面垂直的平面内,分别偏离天底(沿侧摆方向)$+0.7°$和$-0.7°$。

2. APD 探测器极性

激光测高仪分系统回波接收 APD 探测极性图如图 10.3 所示,用于接收激光器 a 回波信号的 APD 探测器定义为 APD-A(含主备),用于接收激光器 b 回波信号的 APD 探测器定义为 APD-B(含主备)。

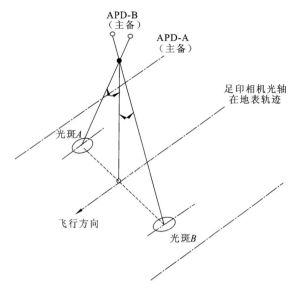

图 10.3　2 个通道激光光束与足印影像的指向关系

3. CMOS 探测器极性

高分七号卫星在轨由北向南飞行示意如图 10.4 所示,＋X 侧为飞行方向,＋Z 轴为接收系统光轴方向。用于对激光器 a 在地球表面激光光斑附近区域成像的足印相机定义为 CMOS-A,对激光器 b 在地球表面激光光斑附近区域成像的足印相机定义为 CMOS-B。

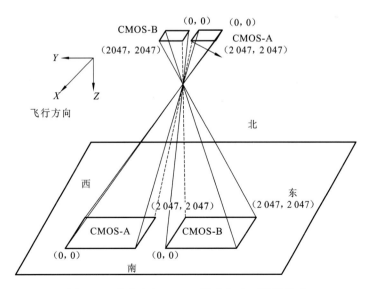

图 10.4　足印相机 CMOS 输出与地面投影关系

高分七号卫星激光测高分系统除带有足印相机外,还有一个光轴监视相机,该相机主要对两波束激光之间的相互位置进行监视,如图 10.5 所示,用于对激光器 a 光斑成像的光斑定义为光斑 A,用于对激光器 b 光斑成像的光斑定义为光斑 B。通过对两波束激光长时间序列的位置成像,可以统计与分析激光测高分系统内部的稳定性以及两波束激光指向是否发生大的变化。

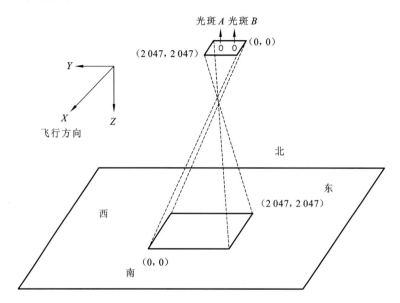

图 10.5　光轴监视相机 CMOS 输出与地面投影关系

总体而言,高分七号卫星激光测高分系统将按 2 波束 1 064 nm 波长、3 Hz 的工作频率向地面发射激光脉冲,在地面形成沿轨间隔约 2.4 km、垂轨间隔约 12.25 km 的离散激光足印光斑,对应 20 km×20 km 的一景影像范围内有 2 排共 16 个激光点,如图 10.6 和图 10.7 所示。激光测高分系统获得的离散激光足印点,将具有较高的高程精度,能作为高分七号卫星立体影像的高程控制点使用,最终提高立体影像无地面控制数据的高程测量精度,为我国西部测图困难地区以及全球的高精度测图提供重要支撑。

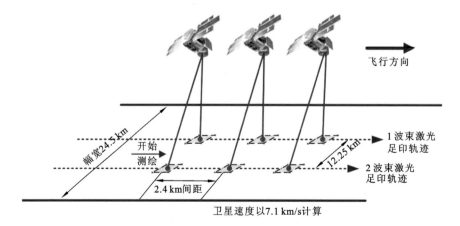

图 10.6　高分七号卫星激光测高仪工作示意图

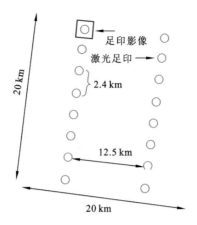

图 10.7　高分七号卫星光学影像与激光测高数据分布示意图

10.2　国产陆地生态系统碳监测卫星激光测高系统

为加强陆地生态系统碳监测能力,服务国家应对气候变化和陆地生态系统调查监测评估工作,国家规划了陆地生态系统碳监测卫星(以下简称碳卫星),2014 年 5 月被国防科工局确定为空间基础设施首批启动的科研星之一,原国家林业局、环境保护部、原国家测绘地理信息局等单位为该卫星的主用户。该卫星主要用于陆地生态系统碳汇估算、全球高程控制点获取、大气气溶胶监测以及农业、环保等其他有关行业的应用等。陆地生态系统碳监测卫星搭载了碳汇和气溶胶激光雷达(carbon sinks and aerosal Lidar,CASAL),具备对全球森林生物量及碳储量的调查能力(张新伟 等,2017)。其中碳汇测量采用 5 波束 1 064 nm 激光,气溶胶激光雷达为 532 nm 的单波束,其设计如图 10.8 所示。

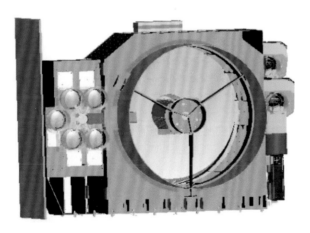

图 10.8　陆地生态系统碳监测卫星激光测高系统设计图

五波束测距激光进行森林树高测量,利用光轴监视相机记录激光地面测量点位置,激光足印大小为 30 m,采用波长 1 064 nm、75 mJ 的 YAG 激光器,激光脉宽 8 ns,测距精度 0.3 m。气溶胶激光雷达子系统采用双波长偏振探测体制测量大气气溶胶后向散射系数,激光发散角为 100 μrad,采用波长 532 nm 的激光器,能量均为 110 mJ,激光脉宽 20 ns,重频为 20 Hz,大气探测垂直分辨率为 30 m。

10.3　美国 ATLAS 先进地形激光测高系统

在基于单光子探测的星载激光测高领域,以美国为典型代表的西方发达国家已经开展了大量工作,并计划在未来 5~10 年发射 ICESat-2、LIST 等系列激光测高卫星,这些激光测高卫星全部使用单光子探测技术(唐新明 等,2017)。第一代 ICESat 卫星激光器提前停止工作,但是其采集的数据仍然具有很高的研究价值,而且研究地球上的冰层变化对全球海平面平衡及气候变化有着重要意义,于是 NASA 在 NRC 的提议下命戈达德空间飞行中心承担轨道激光测高仪系列卫星第二代冰、云和陆地卫星,即 ICESat-2 的研究任务,计划于 2018 年在加利福尼亚范登堡空军基地发射(Markus et al.,2017;Abdalati et al.,2010)。ICESat-2 利用星载激光测高仪获取的地表高程信息,与 2003~2009 年的 ICESat-1 以及 2009 年开始的 ICEBridge 冰桥计划(冯准准 等,2013;Studinger et al.,2010),形成极地区域几十年连续的时间观测序列数据,最大限度地测量极地冰盖和海冰变化及趋势,同时产生全球植被生物总量的估计值,为长期研究海冰变化及森林冠层覆盖提供科学支持。

ICESat-2 将搭载比 ICESat-1 GLAS 更为先进的地形激光测高仪系统 ATLAS 载荷(Markus et al.,2017)。ATLAS 的独特之处在于:微脉冲、多波束、低能量的单光子探测、窄脉宽及高重频(10 kHz)的特性。该系统用于测量地表高程,包括冰原、森林和海洋等的高程,为地形科学研究和监测全球气候变化趋势及生物总量等提供可靠的依据。ATLAS 共设计了 22 种产品,分别命名为 ATL00~ATL21,测高产品共分为 4 个级别。Level0 为原始的遥感数据,Level1 为转换成的 HDF5 格式数据和经仪器校正的高程数据,Level2 为沿轨方向接收光子的精确经纬度和高程数据以及地球物理(固体潮和大气延迟等)和大气后向散射校正数据;Level3 为高程数据产品(包含海冰、植被、云层以及海洋等的高程)。ATL00 是 ATLAS 的原始遥感测数据,ATL01 是转换成的 HDF5 格式的数据,ATL02 是经仪器校正的初始高程数据,ATL03 是接收位置的经纬度和高程及地球物理校正数据,ATL04、ATL16 和 ATL17 是大气相关的校正数据,ATL06 是沿轨和交叉轨道配对计算的表面高程,ATL07、ATL10~ATL12、ATL19~ATL21 是 Arctic/Antarctic 的海冰、海洋的高程与厚度相关数据,ATL08 和 ATL18 是植被覆盖冠层高度相关数据,ATL09 是大气云层厚度,ATL14 与 ATL15 是 Antarctica/Greenland 海冰相关的栅格数据,具体说明如表 10.2 所示。

表 10.2　ATLAS 产品分级

产品 ID	产品名	说明	级别
ATL00	遥测数据	ATLAS 原始的遥测数据	0
ATL01	格式转换数据	转成 HDF5 格式的数据	1
ATL02	科学单元数据	经仪器校正后的初始高程。包括所有的光子、指向数据、航天器位置、工程数据和原始大气文件	1
ATL03	全球地理定位数据	沿轨方向排列光子的精确经度、纬度和高程。光子按信号和背景噪声分类，或者按照表面类型分类(陆地冰、海冰、陆地和海洋)，包括各种物理校正(固体潮、带钱延迟等)	2
ATL04	后向散射校正文件	沿轨大气散射文件，每秒 25 次，包括极地地区的校正系数	2
ATL06	高程直方图	沿轨和垂轨方向计算的成对激光束的表面高	3
ATL07	北极和南极海冰高程	沿轨方向激光束打在海冰和开阔水域的高程	3
ATL08	陆地植被高程	沿轨方向各种尺度的冠层覆盖高度	3
ATL09	ATLAS 大气云层特性	沿轨方向云层高度，后向散射，云层厚度	3
ATL10	南极北极海冰板块	估计的空间尺度海冰板块高度及统计的海表面及海冰表面高程	3
ATL11	南极和格陵兰地区冰原高程	按重复轨道或者垂轨的时间序列冰原高程	3
ATL12	海洋高程	特定区域尺度的表面高程，该高程包含表面倾斜度、粗糙度及表面反射等因素	3
ATL13	内陆水体高程	沿轨方向的特定内陆水准面的高程，包含表面倾斜度和粗糙度等因素	3
ATL14	南极洲和格陵兰岛的冰原高程格网数据	基于所有可用高程数据的冰原年度高程制图	3
ATL15	南极洲和格陵兰岛的冰原高程变化格网数据	冰原的年度高程变化和总变化	3
ATL16	ATLAS 周大气数据	极地地区云层、飘雪及陆地的探测频率	3
ATL17	ATLAS 月大气数据	极地地区云层、飘雪及陆地的探测频率	3
ATL18	陆地冠层格网数据	格网陆地表面高程，冠层高度和冠层覆盖估计	3
ATL19	平均海平面	格网海洋高程产品	3
ATL20	北极/南极洲格网海冰数据	格网海冰数据	3
ATL21	北极/南极洲海冰区的海表面格网数据	海冰覆盖地区的海表面高程格网月数据	3

　　ICESat-2 设计轨道高度 496 km,轨道倾角 94°,重轨周期 91 天,高达 10 kHz 的重复频率使得沿轨方向脚点间距 70 cm,脚点直径 17.5 m;光子计数能够有效地去除太阳的背景噪声;ATLAS 发射的 6 束 532 nm 激光脉冲分为强弱两个等级。采用强弱光束不等的能量分布方式,相比单波束脉冲,使获得的地形变化信息更加的详细,搭载的激光器可以以 250～900 mJ 可调节的能量发射激光,来消减在任务期间的高强度负荷;多波束探测的应用提高了测绘效率;此外强-强和弱-弱激光束垂轨方向间隔 3 km,强-弱光束间隔 90 m,三组双光束相互交叉相互配合扫描,使在测量地形坡度和高程变化的能力上有所提升。由于 532 nm 波长的激光探测效率更好,ICESat-2 的 ATLAS 激光波长不再像 ICESat-1 那样采用 1 064 nm 和 532 nm 两个波长,而是使用 532 nm。ATLAS 参数如表 10.3 所示。

表 10.3　　ATLAS 参数指标

参数	数值	参数	数值
波束数	6	激光重频/kHz	10
周期/天	91	脉冲能量/mJ	250～900 可调
预计寿命/年	5	脉冲宽度/ns	1
轨道类型	近极地重复轨道	轨道高度/km	600
激光波长/nm	532	轨道倾角/(°)	940
光斑直径/m	17.5	高程精度/cm	10
光斑间隔/m	0.7	设计质量/kg	<10

　　ICESat-2 激光点在地面上的定位误差设计指标小于 4.5 m,可以较显著地降低高程测量误差中的地表坡度影响。地表坡度愈大,dh/dt 的误差也愈大,ICESat-2 卫星的径向轨道精度是 2 cm,确保了 dh/dt 的准确测量,这对于极地区域的冰盖高程变化监测非常有利。ICESat-2 的参考轨道间距能控制在 800 m 以内,其指向精度优于 0.1°,通过轨道小角度侧摆机动,能在 2 年内实现对地球表面的全覆盖,如图 10.9 所示,相关结论对于指导后续国产多波束激光测高卫星实现全球覆盖和高精度地形测量具有一定的参考价值。

　　由于 ATLAS 工作频率高达 10k Hz,ICESat-2 将在卫星沿轨方向形成密集的光子点云数据。为了在 ICESat-2 发射前对载荷及数据处理算法进行改进,NASA 模仿 ATLAS 研制了机载模拟器 MABEL(multiple altimeter beam experimental lidar)(Mcgill et al.,2013),在 2010～2017 年进行多次机载飞行实验,获取了大量的高程剖面数据,如图 10.10 所示为一典型的带噪声的光子点云数据。

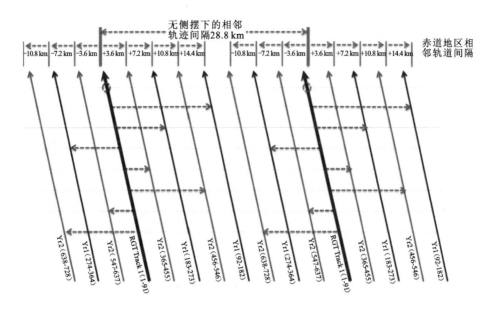

图 10.9　侧摆条件下 2 年周期内 ICESat-2 卫星赤道地区相邻轨道间隔示意图

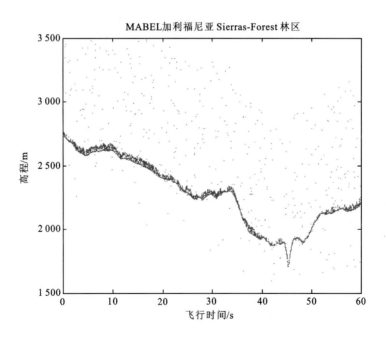

图 10.10　机载 MABEL 光子计数激光雷达实际测量数据

10.4　对后续国产激光测高卫星发展的几点思考

针对资源三号 02 星试验性激光测高载荷,本书在高精度几何处理领域开展了相应的研究工作,研究成果对高分七号卫星、陆地生态系统碳监测卫星的在轨几何检校、数据处理与应用能提供一定价值的参考,而开展的资源三号影像和激光测高数据联合平差研究能对深化国产卫星影像的应用,特别是未来在境外地区的无控立体测图产生实际应用价值。

结合本书的研究成果以及笔者参与激光测高卫星相关项目经历,针对后续对地观测的国产激光测高卫星有如下几点思考。

(1)硬件与软件研发并进。目前国内激光测高仪的硬件研制与国外还有一定差距,硬件本身的测距精度还有待进一步提高,测高精度的有效提升还依赖于卫星在轨运行后的几何检校和高精度后处理。而且本书的试验证实通过联合激光与影像进行后处理,可有效补偿卫星姿态角中的部分误差。因此,应充分借鉴国产光学遥感卫星发展时提出的"天上不足地面补"的思路,同时加大硬件研制和软件研发的投入力度,力争通过地面后处理最大限度地挖掘出卫星的精度和应用潜力。

(2)提高激光测高仪的观测效能。激光测高仪受云、雾霾及太阳背景噪声影响比较大,而且国内总体大气环境相对较差,目前资源三号 02 星激光测高数据有效率不足30%,夜间工作时数据接收有效率有所提高。此外国内激光测高仪总的观测次数和寿命有限,提高激光的观测效能非常重要和迫切,需要从天气预测、减小雾霾影响、全天候特别是夜间观测等方面进行努力。具体来说,可以从卫星轨道星下点天气提前预报决定是否开机、采用后处理算法消除或减小因雾霾而引起的测距误差、争取全天候特别是在夜间进行观测等途径,最终保证在总观测次数一定的情况下提高数据的可利用率。

(3)充分利用好足印相机资源。目前高分七号、陆地生态系统碳监测卫星上的激光测高仪均计划搭载 CMOS 小面阵足印相机,既记录激光光斑的形态特征也对地面景物进行成像。可以尝试利用足印相机按一定周期监测激光指向角的变化情况,如果比较稳定、变化幅度不大,则可以提高后处理的自动化水平并使激光在夜间也能正常工作;此外,目前单独采用激光测高数据,仅能提高线阵 CCD 立体影像的无控高程精度,而 CMOS 小面阵影像对卫星姿态的要求比线阵 CCD 影像稍低,理论上平面精度会更高,因此,可尝试联合 CMOS 小面阵影像、前后视线阵 CCD 影像以及激光测高数据,进行三者的联合平差处理,最终实现平面和高程无控精度的整体提升。

面向未来,还需要对卫星激光测高仪高精度在轨几何检校、全波形数据处理与精细化分析及数据应用、国内雾霾天气下如何提高激光数据的精度和有效率等关键技术继续进行有针对性地深入研究,以保证我国自主的卫星激光测高数据能用得好。此外,还需要瞄准下一代的单光子激光测高卫星,提前布局、认真开展相关的指标论证与关键技术攻关,努力构建我国自主的激光测高卫星体系。

参 考 文 献

陈俊勇,李建成,宁津生,等.2005.全国及部分省市地区高精度高分辨率似大地水准面的研究和实施.测绘通报(5):1-5.

陈晓东,孙和平,2005.传统海洋平衡极潮对极移重力潮汐振幅因子的影响//2005年中国地球物理年会论文集,吉林,长春.

程亮,李满春,童礼华,等,2013.一种基于建筑物角点自修正的航空与地面LIDAR数据高精度自动配准方法,CN103065295A.

崔成玲,2016.激光测高卫星全波形数据的森林树高提取研究.徐州:中国矿业大学.

崔成玲,李国元,黄朝围,等,2015.国内外星载激光测高系统发展现状及趋势//中国测绘地理信息年会优秀青年论文,江西南昌,10:288-295.

戴永江,2010.激光雷达技术.北京:电子工业出版社.

董立新,吴炳方,唐世浩.2011.光雷达GLAS与ETM联合反演森林地上生物量研究.北京大学学报(自然科学版)(4):703-710.

鄂栋臣,沈强,徐莹.2009.基于ASTER立体数据和ICESat/GLAS测高数据融合高精度提取南极地区地形信息.中国科学:地球科学,39(3):351-359.

范春波,李建成,王丹,等,2007.ICESAT/GLAS激光脚点定位及误差分析.大地测量与地球动力学,27(01):104-106.

冯准准,程晓,康婧,等,2013.美国NASA冰桥(IceBridge)科学计划:进展与展望.遥感学报,17(a02):410-422.

高菲,2014.航天服务国计民生,倡导行业有序竞争:两会代表委员谈航天.卫星应用,4:11-15.

高乐,廖静娟,刘焕玲,等,2013.卫星雷达测高的应用现状及发展趋势.遥感技术与应用,28(6):978-983.

宫雨生,2007.GPS水准模型及其应用研究.阜新:辽宁工程技术大学.

郭金运,常晓涛,孙佳龙,等,2013.卫星雷达测高波形重定及应用.北京:测绘出版社.

河野宣之,刘庆会,平劲松,等,2010.月球探测SELENE的科学成果.中国科学:物理学 力学 天文学,40(11):1380-1386.

黄朝围,李国元,张重阳,等,2016.不同地形条件下的星载激光测高系统误差分析.测绘科学(1):44-49.

黄庚华,王斌永,舒嵘,等,2006.月球探测卫星激光高度计地面定标与性能验证技术.红外与激光工程,35(s3):375-378.

籍利平,2011.高精度的卫星激光测距.百科知识(13):10-12.

季青,庞小平,许苏清,等,2016.极地海冰厚度探测方法及其应用研究综述.极地研究,28(4):431-441.

蒋永华,2015.国产线阵推扫光学卫星高频误差消除方法研究.武汉:武汉大学.

孔祥元,2010.大地测量学基础.第二版.武汉:武汉大学出版社.

李骥,2007.基于IDL的激光测高回波仿真技术研究.合肥:中国科学院合肥物质科学研究院.

李然,王成,苏国中,等,2007.星载激光雷达的发展与应用.科技导报,25(14):58-63.

李松,2004.星载激光测高仪发展现状综述.光学与光电技术,2(6):4-6.

李松,周辉,石岩,等,2007.激光测高仪的回波信号理论模型.光学精密工程,15(1):33-39.

李松,马跃,周辉,等,2014.星载激光测高系统大气折射延迟的影响分析.应用光学(3):520-524.

李春来,任鑫,刘建军,等.2010.嫦娥一号激光测距数据及全月球 DEM 模型.中国科学:地球科学,40(3):281-293.

李大炜,李建成,金涛勇,等.2012.利用验潮站资料评估全球海潮模型的精度.大地测量与地球动力学,32(4):106-110.

李国元,王华斌,李参海,等.2014a.1:50000DOM 底图更新的快速生产试验.测绘科学,39(7):108-112.

李国元,唐新明,王华斌,等,2014b.GLAS 激光测高数据辅助的资源三号三线阵区域网平差研究.第三届高分辨率对地观测学术年会分会,北京.

李国元,唐新明,张重阳,等,2017.多准则约束的 ICESat/GLAS 高程控制点筛选.遥感学报,21(1):96-104.

李国元,唐新明,2017b.资源三号 02 星激光测高精度分析与验证.测绘学报,46(12):1939-1949.

李建成,范春波,褚永海,等,2008.ICESAT 卫星确定南极冰盖高程模型研究.武汉大学学报(信息科学版),33(3):226-228.

李建成,褚永海,徐新禹,2017.区域与全球高程基准差异的确定.测绘学报,46(10):1262-1273.

李鹏程,徐青,邢帅,等,2015.全局收敛 LM 的激光雷达波形数据分解方法.红外与激光工程,44(8):2262-2267.

李庆扬,2008.数值分析.第五版.北京:清华大学出版社.

李增元,庞勇,刘清旺,2015.激光雷达森林参数反演技术与方法.北京:科学出版社.

李增元,刘清旺,庞勇,2016.激光雷达森林参数反演研究进展.遥感学报,20(5):1138-1150.

李征航,魏二虎,王正涛,2010.空间大地测量学.武汉:武汉大学出版社.

李征航,黄劲松,2016.GPS 测量与数据处理.第三版.武汉:武汉大学出版社.

梁德印,2014.应用激光测高仪提高测绘卫星定位精度的研究.航天器工程,23(6):17-23.

林先秀,2014.机载 LiDAR 检校场布设及检校技术探讨.测绘通报(3):82-86.

刘峰,谭畅,2010.全波形 LiDar 数据分解方法的研究.中南林业科技大学学报,30(8):148-154.

刘承志,赵有,范存波,等,2002.长春卫星激光测距站的性能和观测概况.科学通报,7(6):406-408.

刘付前,骆永军,王超,2009.卫星高度计应用研究现状分析.舰船电子工程,29(9):28-31.

刘经南,张小红,李征航,2002.影响机载激光扫描测高精度的系统误差分析.武汉大学学报(信息科学版),27(2):111-117.

刘经南,张小红,2003.机载激光扫描测高技术的发展与现状.导航定位学报,28(3):5-6.

刘经南,高柯夫,2017.智能时代测绘与位置服务领域的挑战与机遇.武汉大学学报(信息科学版),42(11):1506-1517.

卢欣,武延鹏,钟红军,等,2014.星敏感器低频误差分析.空间控制技术与应用,40(2):1-7.

卢学辉,李爱农,雷光斌,等,2017.基于粒子群—最小二乘法的 GLAS 波形分解及树高反演方法.地理与地理信息科学,33(3):22-29.

马跃,2013.星载激光测高系统数据处理和误差分析.武汉:武汉大学.

马跃,李松,阳凡林,等,2015a.激光测高仪平顶高斯光束条件下的回波参数模型.中国激光(4):282-287.

马跃,阳凡林,易洪,等,2015b.对地观测星载激光测高仪在轨姿态系统误差检校方法.红外与激光工程,44(8):2401-2405.

马跃,阳凡林,王明伟,等,2015c.利用 GLAS 激光测高仪计算格陵兰冰盖高程变化.红外与激光工程,44(12):3565-3569.

马洪超,李奇,2009.改进的 EM 模型及其在激光雷达全波形数据分解中的应用.遥感学报,13(1):35-41.

马洪超,姚春静,邬建伟,2012.利用线特征进行高分辨率影像与 LIDAR 点云的配准.武汉大学学报(信息科学版):37(2):136-140.

莫凡,谢俊峰,何昭宁,等,2016.资源三号卫星原始姿态数据预处理方法探讨.测绘科学,41(1):127-132.

欧阳自远,2004.我国月球探测的总体科学目标与发展战略.地球科学进展,19(3):351-358.

潘秋娟,房庆海,杨艳,2007.高重复率卫星激光测距的关键技术及其进展.激光与光电子学进展,144(7),33-39.

庞勇,孙国清,李增元,2006a.林木空间格局对大光斑激光雷达波形的影响模拟.遥感学报(1):97-103.

庞勇,于信芳,李增元,等,2006b.星载激光雷达波形长度提取与林业应用潜力分析.林业科学,42(7):137-140.

庞勇,李增元,孙国清,等,2007.地形对大光斑激光雷达森林回波影响研究.林业科学研究,20(4):464-468.

平劲松,黄倩,鄢建国,等,2008.基于嫦娥一号卫星激光测高观测的月球地形模型CLTM—s01.中国科学:物理学 力学 天文学,38(11):1601-1612.

平劲松,苏晓莉,刘俊泽,等,2013.对"嫦娥"一号激光高度计数据的外部标定.中国科学:物理学 力学 天文学(11):1438-1447.

饶喆,张静远,冯炜,2016.水下地形匹配导航中地形水深斜率序列研究.华中科技大学学报(自然科学版)(2):118-122.

宋志英,文汉江,2009.ICESAT卫星激光测高数据中地面特征参数的提取.测绘工程,18(6):29-32.

苏春艳,2015.机载LiDAR多参数系统误差检校方法研究.西安:长安大学.

唐新明,高小明,2012a.我国测绘卫星和卫星测绘"十二五"发展战略研究.测绘通报(10):1-4.

唐新明,张过,祝小勇,等,2012b.资源三号测绘卫星三线阵成像几何模型构建与精度初步验证测绘学报,41(2):191-198.

唐新明,李国元,高小明,等,2016.卫星激光测高严密几何模型构建及精度初步验证.测绘学报,45(10):1182-1191.

唐新明,李国元,2017a.激光测高卫星发展与展望.国际太空(11):13-18.

唐新明,王鸿燕,祝小勇,2017b.资源三号卫星测绘技术与应用.测绘学报,46(10):1482-1491.

王成,习晓环,骆社周,等,2015.星载激光雷达数据处理与应用.北京:科学出版社.

王密,胡芬,金淑英,2010.一种基于带时间因子偏置矩阵的卫星影像系统误差改正方法.CN 101839713 A.

王海颖,张毅,涂碧海,等,2007.基于抗差估计的激光测高数据处理.大气与环境光学学报,2(3):227-230.

王建宇,舒嵘,陈卫标,等,2010.嫦娥一号卫星载激光高度计.中国科学:物理学 力学 天文学(8):1063-1070.

王任享,王建荣,2014.二线阵CCD卫星影像联合激光测距数据光束法平差技术.测绘科学技术学报(1):1-4.

王任享,王建荣,胡莘,2016.卫星摄影姿态测定系统低频误差补偿.测绘学报,45(2):127-130.

王兴涛,李迎春,李晓燕,2012."天绘一号"卫星星敏感器精度分析.遥感学报,16(s1):90-93.

文汉江,刘焕玲,常晓涛,等,2011.利用GPS测量检核ICESAT卫星激光测高数据精度.武汉大学学报(信息科学版)(3):262-266.

邢艳秋,王立海,2009.基于ICESat—GLAS完整波形的坡地森林冠层高度反演研究:以吉林长白山林区为例.武汉大学学报(信息科学版),34(6):696-700.

邢艳秋,王蕊,李增元,2013.基于星载雷达全波形数据估测森林结构参数研究综述.世界林业研究,26(6):27-32.

许厚泽,2010.固体地球潮汐.武汉:湖北科学技术出版社.

许厚泽,毛伟建,1988.中国大陆的海洋负荷潮汐改正模型.中国科学(9):88-98.

严明,王智勇,汪承义,等,2015.大气折射对光学卫星遥感影像几何定位的影响分析.测绘学报,44(9):995-1002.

余俊鹏,孙世君,2010.卫星摄影测量观测技术发展的若干思路.2010年第二十三届全国空间探测学术交流会论文集.

喻贵银,李国元,2014.我国建成国家级高精度控制点数据库.中国测绘报,2014-03-14(19).

袁修孝,2012.高分辨率卫星遥感精确对地目标定位理论与方法.北京:科学出版社.

张过,2005.缺少控制点的高分辨率卫星遥感影像几何纠正.武汉:武汉大学.

张过,袁修孝,李德仁,2007.基于偏置矩阵的卫星遥感影像系统误差补偿.辽宁工程技术大学学报,26(4):517-519.

张朋,王解先,2012.利用地面靶测定卫星激光测距加常数.工程勘察,40(11):83-85.

张剑清,潘励,王树根,2009.摄影测量学.第二版.武汉:武汉大学出版社.

张保军,王泽民,安家春,等,2016.南极长城站验潮站数据处理和潮汐特点初步分析.极地研究,28(4):498-504.

张捍卫,郑勇,赵方权,2003.固体潮对测站位移影响的理论研究.大地测量与地球动力学,23(3):98-103.

张捍卫,许厚泽,王爱生,2005.天球参考系与地球参考系之间的坐标转换研究进展.测绘科学,30(5):105-109.

张靖男,赵兴锋,郑志强,等,2006.一种巡航导弹地形匹配系统研究.战术导弹控制技术(3):56-59.

张小红,2010.机载激光雷达测量技术理论与方法.武汉:武汉大学出版社.

张新伟,戴君,贺涛,等,2017.国内激光雷达卫星技术发展综述//第三届成像激光雷达大会会议论文集,吉林:长春.

张永军,熊小东,沈翔,2012.城区机载LIDAR数据与航空影像的自动配准.遥感学报,16(3):579-595.

张重阳,2015.基于GLAS数据的广义高程控制点库的建设与应用.阜新:辽宁工程技术大学.

张重阳,李国元,王华斌,等,2014.基于GLAS数据的广义高程控制点库建设与精度验证.中国测绘地理信息学会学术年会论文集,湖北:武汉.

张祖勋,张剑清,2005.广义点摄影测量及其应用.武汉大学学报(信息科学版),30(1):1-5.

赵春梅,唐新明,2013.基于星载GPS的资源三号卫星精密定轨.宇航学报,34(9):1202-1206.

赵楠翔,胡以华,2003.基于对地观测激光回波特征的目标特性研究.量子电子学报(5):566-569.

赵齐乐,耿涛,李俊义,等,2009.历史轨道约束信息下的区域站GPS卫星轨道确定.大地测量与地球动力学,29(5):81-84.

赵双明,冉晓雅,付建红,等,2014.CE-1立体相机与激光高度计数据联合平差.测绘学报,43(12):1224-1229.

周辉,李松,2006.激光测高仪接收信号波形模拟器.中国激光(10):1402-1406.

周辉,李松,王良训,等,2015.噪声对星载激光测高仪测距误差的影响.红外与激光工程,44(8):2256-2261.

周平,唐新明,曹宁,等,2016.SRTM约束的无地面控制立体影像区域网平差.测绘学报,45(11):1318-1327.

朱剑锋,王昱,胡煜,等,2014.星载激光测高的系统误差分析与检校.测绘通报(s1):137-140.

朱孟真,程勇,谭朝勇,等,2012. 国外空间激光的发展现状. 红外与激光工程,41(12):3241-3248.

ABDALATI W,ZWALLY H J,BINDSCHADLER R,et al.,2010. The ICESat-2 laser altimetry mission. Proceedings of the IEEE,98(5):735-751.

ABSHIRE J B,SUN X,RIRIS H,et al.,2005. Geoscience laser altimeter system (GLAS) on the ICESat mission:on-orbit measurement performance. Geophysical Research Letters,32(21):1-4.

ACCETT J S,SHUMAKER D L,1993. Infrared and Electro-Optical System Handbook. Second Editor. Bellingham,Washington,USA:Infrared Information Analysis Center.

BAE S,WEBB C,SCHUTZ B,2004. GLAS PAD Calibration Using Laser Reference Sensor Data. AIAA/AAS Astro dynamics Specialist Conference and Exhibit.

BRENNER A C,ZWALLY H J,BENTLEY C R,et al.,2011. Geo-science Laser Altimeter System: Derivation of Range and Range Distributions from Laser Pulse Waveform Analysis for Surface Elevations,Roughness,Slope,and Vegetation Heights. Algorithm Theoretical Basis Document,Version 5.0. University of Texas. www. csrserv. csr. utexax. edu/glas/pdf/WFAtbd_v5_02011 Sept. pdf.

BROWN C G,SARABANDI K,PIERCE L E,2005. Validation of the Shuttle Radar Topography Mission Height Data. Geo-science & Remote Sensing IEEE Transactions on,43(8):1707-1715.

BUFTON J L,1989. Laser altimetry measurements from aircraft and spacecraft. Proceedings of the IEEE,77(3):463-477.

CARABAJAL C C,HARDING D J,SUCHDEO V P,et al.,2010a. Development of an ICESat Geodetic Control Database and Evaluation of Global Topographic Assets. American Geophysical Union,Fall Meeting. San Francisco,Colifornia,USA.

CARABAJAL C C,HARDING D J,SUCHDEO V P,2010b. ICESat lidar and global digital elevation models:applications to desdyni. IEEE International Geoscience & Remote Sensing Symposium. IEEE, 2010:1907-1910.

CARABAJAL C C,HARDING D J,BOY J P,et al.,2011. Evaluation of the global multi-resolution terrain elevation data 2010 (GMTED2010) using ICESat geodetic control. Proceedings of SPIE-The International Society for Optical Engineering,8286(4):82861Y-82861Y-13.

CARABAJAL C C,HARDING D J,LUTHCKE S B,et al.,2012. Processing of shuttle laser altimeter range and return pulse data in support of SLA-02. International Archives of Photogrammetry and Remote Sensing,1-8.

CAVANAUGH J F,SMITH J C,SUN X,et al.,2007. The Mercury laser altimeter instrument for the MESSENGER mission. Space Science Reviews,131(1-4):451-479.

COLE T D,1998. NEAR laser rangefinder:a tool for the mapping and topologic study of asteroid 433 Eros. Johns Hopkins Apl Technical Digest,19(2):142-157.

DAVIS J L,HERRING,T A,SHAPIRO I,et al.,1985. Geodesy by radio interferometry:effects of atmospheric modeling errors on estimates of baseline length. Radio Science,20(6):1593-1607.

DEAN B G,MULLER J P,TOM G F,2006. The shuttle radar topography mission-data validation and applications. Photogrammetric Engineering & Remote Sensing,72(3):233-235.

DI K,HU W,LIU Y,PENG M,2012. Co-registration of ChangE-1 stereo images and laser altimeter data with crossover adjustment and image sensor model refinement. Advances in Space Research,50(12): 1615-1628.

DRAKE J B,DUBAYAH R O,CLARK D B,et al.,2002. Estimation of tropical forest structural characteristics using large-footprint lidar. Remote Sensing of Environment,79(2):305-319.

DUONG V H,LINDENBERGH R,PFEIFER N,et al.,2009. ICESatfull-waveform altimetry compared to airborne laser scanning altimetry over the netherlands. IEEE Transactions on Geo-science & Remote Sensing,47(10):3365-3378.

DUONG V H,LINDENBERGH R,PFEIFER N,et al.,2008. Single and two epoch analysis of ICESat full waveform data over forested areas. International Journal of Remote Sensing,29(5):1453-1473.

DUONG V H,2010. Processing and Application of ICESat Large Footprint Full Waveform Laser Range Data. Delft:Delft University of Technology.

ELDEN B,1953. The dispersion of standard air. Journal of the Optical Society of America,43(5):339.

FILIN S,2006. Calibration of spaceborne laser altimeters-an algorithm and the site selection problem. IEEE Transactions on Geoscience & Remote Sensing,44(6):1484-1492.

GARDNER C S,1982. Target signatures for laser altimeters:an analysis. Applied Optics,21(3):448-453.

GARDNER C S, 1992. Ranging performance of satellite laser altimeters. IEEE Transactions on Geoscience & Remote Sensing,30(5):1061-1072.

GARVIN J,BUFTON J,BLAIR J,et al.,1998. Observations of the earth's topography from the shuttle laser altimeter (SLA): laser-pulse echo-recovery measurements of terrestrial surfaces. Physics & Chemistry of the Earth,23(9):1053-1068.

GONZALEZ J H,BACHMANN M,SCHEIBER R,et al.,2010. Definitionof ICESat selection criteria for Their use as height references for TanDEM-X. Geoscience & Remote Sensing IEEE Transactions,48(6):275-2757.

GOUMAN J,BECK T,AFFOLTER M,et al.,2014. Measurement and Stability of the Pointing of the BepiColombo Laser Altimeter under Thermal Load// European Planetary Science Congress 2014,Epsc Abstracts,Vol. 9,Id. Epsc2014-66.

GUO H,DOU C,ZHANG X,et al.,2015. Earth observation from the manned low Earth orbit platforms. ISPRS Journal of Photogrammetry & Remote Sensing,115:103-118.

HARDING D J, 2005. ICESat waveform measurements of within-footprint topographic relief and vegetation vertical structure. Geophysical Research Letters,32(21):156-171.

HARDING D J,BUFTON J L,FRAWLEY J J,1994. Satellite laser altimetry of terrestrial topography: vertical accuracy as a function of surface slope,roughness,and cloud cover. IEEE Transactions on Geoscience and Remote Sensing,32(2):329-339.

HARDING D J, CARABAJAL C C, 2005. ICESat waveform measurements of within-footprint topographic relief and vegetation vertical structure. Geophysical Research Letters,32(21):741-746.

HEIPKE C,EBNER H,SCHMIDT R,et al.,2004. Camera Orientation of Mars Express Using DTM Information. Pattern Recognition. Springer Berlin Heidelberg,544-552.

HERZFELD U C,MCDONALD B W,WALLIN B F,et al.,2014. Algorithm fordetection of ground and canopy cover in micropulse photon-counting lidar altimeter data in preparation for the ICESat-2 mission. IEEE Transactions on Geoscience & Remote Sensing,52(4):2109-2125.

HILBERT C,SCHMULLIUS C,2012. Influence of surface topography on ICESat/GLAS forest height estimation and waveform shape. Remote Sensing,4(8):2210-2235.

HUANG X D,XIE H,ZHANG G,et al.,2013. A novel solution for outlier removal of ICESat altimetry data:a case study in the Yili watershed,China. Frontiers of Earth Science,7(2):217-226.

HUBER M, WESSEL B, KOSMANN D, et al., 2009. Ensuring Globally the TanDEM-X Height Accuracy:Analysis of the Reference Data Sets ICESat, SRTM and KGPS-Tracks. Geoscience and

Remote Sensing Symposium,2009 IEEE International,IGARSS. 769-772.

HUSSMANN H,LINGENAUBER K,OBERST J,et al.,2014. The Ganymede laser altimeter (GALA). European Planetary Science Congress,9:2014-347.

IQBAL I A,DASH J,ULLAH S,et al.,2013. A novel approach to estimate cannopy height using ICESat/ GLAS data:a case study in the New Forest National Park,UK. International Journal of Applied Earth Observation & Geoinformation,23(1):109-118.

JEONG J,KIM T,2012. The use of existing global elevation dataset for absolute orientation of high resolution image without GCPs. ISPRS International Archives of the Photogrammetry,Remote Sensing and Spatial Information Sciences,XXXIX-B4:287-290.

KASE T,ABE K,HOTTA T,et al.,2003. LALT:laser altimeter for luna exploring satellite SELENE. Nec Research & Development,44(2):175-180.

KERN S,SPREEN G,2015. Uncertainties in Antarctic sea-ice thickness retrieval from ICESat. Annals of Glaciology,56(69):107-119.

KIM T,JEONG J,2011. DEM matching for bias compensation of rigorous pushbroom sensor models. ISPRS Journal of Photogrammetry & Remote Sensing,66(66):692-699.

LEFSKY M A,HARDING D J,Keller M,et al.,2005. Estimates of forest canopy height and above ground biomass using ICESat. Geophysical Research Letters,32(22):441-441.

LEFSKY M A,KELLER M,PANG Y,et al.,2007. Revised method for forest canopy height estimation from Geoscience Laser Altimeter System waveforms. Journal of Applied Remote Sensing,1(1):6656-6659.

LI G Y,TANG X M,GAO X M,et al.,2016a. ZY-3block adjustment supported by GLAS laser altimetry data. The Photogrammetric Record,31(153):88-107.

LI G Y,TANG X M,GAO X M,et al.,2016b. Improve the ZY-3height accuracy using ICESat/GLAS laser altimeter data. International Archives of the Photogrammetry Remote Sensing & S,XLI-B1:37-42.

LIN S Y,MULLER J P,MILLS J P,et al.,2010. An assessment of surface matching for the automated co-registration of MOLA,HRSC and HiRISE DTMs. Jec Composites Magazine,294(3-4):520-533.

LUTHCKE S B,ROWLANDS D D,MCCARTHYJ J,et al.,2000. Spacebornelaser altimeter pointing bias calibration from range residual analysis. Journal of Spacecraft & Rockets,37(3):374-384.

LUTHCKE S B,CARABAJAL C C,Rowlands D D,2002. Enhanced geolocation of spaceborne laser altimeter surface returns:parameter calibration from the simultaneous reduction of altimeter range and navigation tracking data. Journal of Geodynamics(34):447-475.

MAGRUDER L,SILVERBERG E,WEBB C,et al.,2005. In situ timing and pointing verification of the ICESat altimeter using a ground based system. Geophysical Research Letters,322(21):365-370.

MARINI J W,1975. Correction of laser range tracking data for atmospheric refraction at elevations above 10 degrees. Laser & Infrared,55(4):220-220.

MARKUS T,NEUMANN T,MARTINO A,et al.,2017. Theice,cloud and land elevation satellite-2 (ICESat-2):science requirements,concept,and implementation. IEEE Geoscience. Remote Sensing of Environment. 190:260-273.

MARTIN C F,THOMAS R H,KRABILL W B,et al.,2005. ICESat range and mounting bias estimation over precisely-surveyed terrain. Geophysical Research Letters,32(21):242-257.

MCGARRY J,1983. Correlation and prediction of the vapor pressures of pure liquids over large pressure ranges. Industrial & Engineering Chemistry Process Design & Development,22(2):313-322.

MCGILL M,MARKUS T,SCOTT V S,et al.,2013. Themultiple altimeter beam experimental lidar (MABEL):an airborne simulator for the ICESat-2 mission. Journal of Atmospheric & Oceanic Technology,30(2):345-352.

MOHOLDT G,NUTH C,HAGEN J O,et al.,2010. Recent elevation changes of Svalbard glaciers derived from ICESat laser altimetry. Remote Sensing of Environment,114(11):2756-2767.

NIE S,WANG C,LI G,et al.,2014. Signal-to-noise ratio-based quality assessment method for ICESat/ GLAS waveform data. Optical Engineering,53(10):103104-103104.

NIELL A E,1996. Global mapping functions for the atmospheric delay at radio wavelengths,J. Geophys. Res. ,101(B2),3227-3246.

NOERDLINGER P D,1999. Atmospheric refraction effects in earth remote sensing. ISPRS Journal of Photogrammetry & Remote Sensing,54(5-6):360-373.

OWENS J C,1967. Optical refractive index of air:dependence on pressure,temperature and composition. Applied Optics,6(1):51-59.

PAN H B,TAO C,ZOU Z R,2016. Precise georeferencing using the rigorous sensor model and rational function model for ZiYuan-3 strip scenes with minimum control. ISPRS Journal of Photogrammetry & Remote Sensing,119(6):259-266.

PAVLIS N K,HOLMES S A,KENYON S C,et al.,2008. An Earth Gravitational Model to Degree 2160: EGM2008. 2008 General Assembly of the European Geosciences Union,Vienna,Austria,April 13-18.

PFENNIGBAUER M,ULLRICH A,2013. Multi-wavelength airborne laser scanning. ISPRS International Archives of the Photogrammetry,XL-5/W2(2):119-124.

POOLE W,MULLER J P,GUPTA S,et al.,2014. Calibratingmars orbiter laser altimeter pulse widths at mars science laboratory candidate landing sites. Planetary & Space Science,99(1):118-127.

PRICE D,RACK W,HAAS C,et al.,2012. Assessment ofsea ice freeboard and thickness in Mcmurdo Sound,Antarctica,derived by ground validated satellite altimeter sata. ISPRS International Archives of the Photogrammetry,XXXIX-B8:585-590.

RONCAT A,BERGAUER G,PFEIFER N,2011. B-spline deconvolution for differential target cross-section determination in full-waveform laser scanning data. ISPRS Journal of Photogrammetry & Remote Sensing,66(4):418-428.

ROWLANDS D D,PAVLIS D E,LEMOINE F G,et al.,1999. The use of laser altimetry in the orbit and attitude determination of Mars global surveyor. Geophysical Research Letters,26(9):1191-1194.

ROWLANDS D D,CARABAJAL C C,Luthcke S B,et al.,2000. Satellitelaser altimetry on-orbit calibration techniques for precise geo-location. Review of Laser Engineering,28(12):796-803.

SAASTAMOINEN J,1972. Atmospheric correction for the troposphere and stratosphere in radio ranging satellites. Use of Artificial Satellites for Geodesy,15(6):247-251.

SCHENK T,CSATHO B,2012. A new methodology for detecting ice sheet surface elevation changes from laser altimetry data. IEEE Transactions on Geoscience & Remote Sensing,50(9):3302-3316.

SCHUTZ B E,ZWALLY H,SHUMAN C,et al.,2005. Overview of the ICESat mission. Geophysical Research Letters,32(21):97-116.

SIROTA J M,BAE S,MILLAR P,et al.,2005. The transmitter pointing determination in the geoscience laser altimeter system. Geophysical Research Letters,32:L22S11.

SJOGREN W L,WOLLENHAUPT W R,1973. Lunar shape via the Apollo laser altimeter. Science,179

（4070）：275-278.

SLOBBE D C，LINDENBERGH R C，AND DITMAR P，2008. Estimation of volume change rates of Greenland's Ice Sheet from ICESat data using overlapping footprints. Remote Sensing of Environment，112（7）：4204-4213.

SMITH D E，ZUBER M T，NEUMANN GA，et al.，1997. Topography of themoon from the clementine lidar. Journal of Geophysical Research Atmospheres，102（E1）：1591-1611.

SMITH D E，ZUBER M T，FREY H V，et al.，2001. Marsorbiter laser altimeter：experiment summary after the first year of global mapping of Mars. Journal of Geophysical Research Planets，106（E10）：23689-23722.

SMITH D E，ZUBER M T，JACKSON G B，et al.，2010. Thelunar orbiter laser altimeter investigation on the lunar reconnaissance orbiter mission. Space Science Reviews，150（1-4）：209-241.

SPIEGEL M，BAUMGARTNER A，EBNER H，2003. Orientation of Mars express/HRSC imagery using laser altimeter data as control information. ISPRS Workshop High Resolution Mapping from Space 2003，October 6-8，2003，Hannover.

STUDINGER M，KOENIG L，MARTIN S，et al.，2010. Operation icebridge：using instrumented aircraft to bridge the observational gap between icesat and icesat-2. IEEE，38（1）：1918-1919.

SUN G，RANSON K J，KIMES D S，et al.，2008. Forest vertical structure from GLAS：an evaluation using LVIS and SRTM data. Remote Sensing of Environment，112（1）：107-117.

SUN X，BARKER M K，MAO D，et al.，2014. In-orbitcalibration of the lunar orbiter laser altimeter via two-way laser ranging with an earth station. European Journal of Social Work，18（2）：1-14.

TACHIKAWA T，HATO M，KAKU M，IWASAKI A，2011. The characteristics of ASTER GDEM version 2. Proc. IGARSS，2011，IEEE，CD-ROM.

TADONO T，NAGAI H，ISHIDA H，et al.，2016. Generation of the 30m-mesh global digital surface model by Alos Prism. ISPRS-International Archives of the Photogrammetry，Remote Sensing and Spatial Information Sciences，XLI-B4：157-162.

TAKAKU J，TADONO T，TSUTSUI K，2014. Generation of high resolution global DSM from ALOS PRISM. ISPRS-International Archives of the Photogrammetry，Remote Sensing and Spatial Information Sciences，XL-4（4）：243-248.

TANG X，ZHOU P，ZHANG G，et al.，2015. Geometricaccuracy analysis model of the Ziyuan-3 satellite without GCPs. Photogrammetric Engineering & Remote Sensing，81（12）：927-934.

THOMAS N，SPOHN T，BARRIOT J P，et al.，2007. The BepiColombo laser altimeter （BELA）：concept and baseline design. Planetary &Space Science，55（10）：1398-1413.

TONG X，LI L，LIU S，et al.，2015. Detection and estimation of ZY-3 three-line array image distortions caused by attitude oscillation. ISPRS Journal of Photogrammetry & Remote Sensing，101（10）：291-309.

VIGHNESAM N V，SONNEY A，GOPINATH N S，2010. India's first lunar mission Chandrayaan-1 initial phase orbit determination. Acta Astronautica，67（7）：784-792.

WAGNER W，ULLRICH A，DUCIC V，et al.，2006. Gaussian decomposition and calibration of a novel small-footprint full-waveform digitising airborne laser scanner. ISPRS Journal of Photogrammetry & Remote Sensing，60（2）：100-112.

WANG C，TANG F，LI L，et al.，2013. Wavelet analysis for ICESat/GLAS waveform decomposition and its application in average tree height estimation. IEEE Geoscience & Remote Sensing Letters，10（1）：

115-119.

WANG X, CHENG X, GONG P, et al., 2011. Earth science applications of ICESat/GLAS: a review. International Journal of Remote Sensing,32(23):8837-8864.

WEHR A, LOHR U, 1999. Airborne laser scanning—an introduction and overview. ISPRS Journal of Photogrammetry & Remote Sensing,54(2-3):68-82.

WU B, GUO J, ZHANG Y, et al., 2011. Integration of Chang'E-1imagery and laser altimeter data for precision lunar topographic modeling. IEEE Transactions on Geoscience & Remote Sensing,49(12): 4889-4903.

WU B, HU H, GUO J, 2014. Integration of Chang'E-2 imagery and LRO laser altimeter data with a combined block adjustment for precision lunar topographic modeling. Earth and Planetary Science Letters,391:1-15.

WU B, TANG S, 2015. Review of geometric fusion of remote sensing imagery and laser scanning data. International Journal of Image & Data Fusion,6(2):1-18.

XIE H, TEKELI A E, ACKLEY S F, et al., 2013. Sea ice thickness estimations from ICESataltimetry over the Bellingshausen and Amundsen Seas, 2003—2009. Journal of Geophysical Research Oceans,118(5): 2438-2453.

YADAV G K, 2010. Simulation of ICESat/GLAS Full Waveform over Highly Rugged Terrain. Netherlands:University of Twente.

YOON J S, SHAN J, 2005. Combined adjustment of MOC stereo imagery and MOLA altimetry data. Photogrammetric Engineering & Remote Sensing,71(10):1179-1186.

YU A W, KRAINAK M A, STEPHEN M A, et al., 2011. Spaceflight laser development for future remote sensing applications. SPIE,8182:818204.

ZHU R, PANG Y, ZHANG Z, et al., 2010. Application of the deconvolution method in the processing of full-waveform lidar data. Image & Signal Processing International Congress on,6:2975-2979.

ZWALLY H J, SCHUTZ B, ABDALATI W, et al., 2002. ICESat's laser measurements of polar ice, atmosphere,ocean,and land. Journal of Geodyn.,34(3-4):405-445.

后　记

　　岁月荏苒,光阴似箭。转眼间资源三号01星已经发射6年多了,资源三号02星也已经发射近两年了。回想卫星发射,当时的情景还历历在目,心情久久不能平静。和资源三号01星相比,资源三号02星提高了前后视相机的分辨率,调整了多光谱相机的成像角度,对卫星也做了系列改进。2016年5月30日资源三号02星发射成功,后期的数据处理表明,资源三号02星影像的数据质量,特别是数字高程模型的精度和详细程度要优于资源三号01星,卫星取得了圆满成功。

　　对资源三号02星来说,还有一个比较重要的任务,就是在星上搭载了一个激光测高载荷,这是我们国家第一个对地观测的激光测高载荷,主要目的是研究对地观测激光测高的可行性和可用性。

　　这个激光测高载荷是一个试验性的搭载项目。由于前期没有开展过对地观测的试验,而且卫星留给载荷的空间、体积、重量、功耗等非常有限,在时间紧、任务重的情况上,航天五院508所克服重重困难,利用自筹资金完成了资源三号02星激光测高仪的研制。由于是独立的激光测高仪,设备本身和卫星平台以及相机的系统性设计不多,激光测高的难度极大,工程充满技术风险和挑战。

　　在国家国防科技工业局、原国家测绘地理信息局、中国航天科技集团的坚强领导下,在中国空间技术研究院以及508所的大力支持下,由测绘卫星领域办公室具体领导,508所终于成功研制了我国首台对地观测的激光测高仪,在航天五院和国家测绘地理信息局卫星测绘应用中心的鼎力协作下,项目组完成了激光测高仪的实验室测试、地面外场测试等一系列测试,完成了卫星发射前的技术准备。在卫星发射成功后,经过充分的前期准备,卫星测绘应用中心于2016年8月在内蒙古自治区二连浩特市进行了大规模外场检校,大幅修正激光测高仪的系统性误差。虽然激光测高仪没有足印相机,但我们成功预报了激光足印的位置;虽然激光测高仪不能记录波形,但我们成功提取了有效的高程控制点;虽然激光有些误差较大甚至不确定,但我们成功进行了判断和修正。经过检校后,激光测高仪的精度得到大幅度提升。通过在海面、平原、丘陵等地区的实际验证,资源三号02星激光测高仪的激光光斑的平面定位精度达到15.0 m,平原地区的高程精度达到0.8 m,使我国的对地观测的高程精度首次迈入米级大关。卫星影像和激光高程点进行联合平差之后,甚至可以达到1∶25 000的测图精度要求,比资源三号01星有了比较大的提升。

　　这里,首先要感谢原国家发展和改革委员会、国家国防科技工业局、原国家测绘地理信息局、原国土资源部、中国航天科技集团的领导。感谢国家国防科技工业局系统一司李国平司长、赵坚副司长、王程处长、高军处长对激光测高系统的大力扶持。感谢国家发展和改革委员会肖晶总工程师对激光测高技术、特别是测绘检校工作的支持。感谢原国家测绘地理信息局库热西局长、王春峰副局长、李朋德副局长对卫星测绘技术的长期一贯的支持,王春峰副局长非常关心工程的进展,对卫星工程的实施难度和困难把握非常精准,关键时候给我们勇气。李朋德副局长亲临激光检校现场,指导激光检校工作。感谢部高平司长的长期关心和支持。

我要特别感谢测绘领域院士专家的支持,刘先林院士先后多次参加激光测高的技术研讨,指导我们需要注意的问题,李德仁院士、张祖勋院士、刘经南院士、龚健雅院士、李建成院士、郭仁忠院士长期指导资源三号卫星的研制工作,特别是龚健雅院士一直在实际指导资源三号的建设工作,院士们确定的方向就是我们行动的指南。

感谢航天五院测绘领域的王祥总指挥、曹海翊总师,他们为激光测高仪设计腾出了宝贵的空间,为激光测高仪的研制进行了大量的指导,感谢领域办刘希刚、张新伟等所有的同事。

感谢508所对激光测高的大力支持,事实上,资源三号02星激光测高仪的经费都是508所自行解决的。特别感谢刘兆军所长以及郑永超、杨居奎、伏瑞敏、何林等同志,他们为激光测高仪的研制倾注了大量心血。

感谢武汉大学李松团队、张过团队。李松团队负责研制了激光地面探测器,1 000个地面探测器通过艰苦反复的设计调试,终于实现并得到了圆满的结果。张过团队参与了卫星激光检校的具体工作,取得了较好的结果。感谢中科院安光所郑小兵团队,他们研制的地面激光探测器也发挥了重要作用。感谢陕西测绘地理信息局、黑龙江测绘地理信息局对卫星检校工作的大力支持。陕西国测一大队和龙江局三院的同志在外场检校时,不仅连续40个小时没有休息,还一直进行高强度的外业作业,仅仅外业路程就行走了超过70 km,以实际行动诠释了国测一大队的英雄模范精神! 在成功接收到卫星从500 km的太空发射出来的激光信号后,他们才喜悦地睡着了。在这里向他们表示崇高的敬意!

我还要感谢总参二部航天侦查局、内蒙古测绘地理信息局、苏尼特右旗的领导以及当地牧民的支持,感谢原国家测绘地理信息局宣传中心的领导和同事的支持和宣传。

感谢我们卫星测绘中心王权主任、刘小波书记,他们全力支持新型技术的工程创新和实践。特别感谢资源三号卫星应用系统总指挥孙承志副主任,他大力支持激光测高的技术发展,为激光测高的外场检校提供了大量资金和鼎力帮助。感谢检校部付兴科主任、谢俊峰副主任、朱广彬博士、窦显辉同志,谢俊峰副主任是激光检校的实际负责人,朱广彬为卫星的准确预报做出重要贡献,窦显辉是外场检校时的队长。感谢研发部的高小明主任、胡芬博士、陈继溢,他们对本书的修改提出了宝贵意见和建议。

2018年11月